나는 오늘도 너에게
화를 냈다

엄마들의 고민을 명쾌하게 풀어낸
아홉 가지 현실 육아 솔루션

나는 오늘도 너에게 화를 냈다

최민준 지음

살림

| 차례 |

사랑과 존중만으로 아이의 변화를
기대하는 어른들에게

일상에서의 아동 학대 문제를 다루는 시사 다큐 프로그램에 초
대되어 사연자를 만난 적이 있습니다. 그분은 아이와 갈등 중에
격해진 감정을 다스리지 못하고 야외 화장실에서 아이 머리와 입
을 때린 스스로에게 너무 놀라 프로그램 출연 신청을 하게 됐다
고 했습니다. 이 사건만 듣고 자리에 참석했을 땐 사연의 주인공
이 남들과 다르거나 평소에도 아이를 공격할 것이라고 예측했습
니다. 그런데 막상 일상을 기록한 영상을 보니 너무나 평범한 가
정이었습니다.

이틀에 걸쳐 프로그램에 사연을 보낸 분들의 일상 영상을 보면
서 공통점을 찾을 수 있었습니다. 그들은 누구보다 아이를 존중

하고 싶어 했습니다. 아이가 하지 말아야 하는 행동을 할 때 단호히 안 된다고 말하는 대신, 어른 대하듯 바라보며 상황을 방조했습니다.

친구 같은 부모가 되고 싶다는 소망을 내비치는 점도 비슷했습니다. 아마도 어린 시절 부모에게 그런 사랑을 받고 싶었던 마음이 투영된 것이 아닐까 하고 조심스레 짐작해봅니다.

그러나 사연을 보낸 분들의 기대와는 달리, 적정한 규칙이 빠진 사랑과 존중의 대가는 아이를 천둥벌거숭이로 만들었습니다. 엄마를 힘들게 하는 성향으로 되돌아왔지요.

많은 분들이 꿈같은 마음으로 유리잔 다루듯 아이를 대합니다. 하지만 아이를 키우는 일은 생각만큼 아름답지 않습니다.

사연 속 어머님은 아이의 잘못된 요구를 있는 힘을 다해 견디기를 반복했습니다.

아이는 멈추지 않았습니다. 어느 정도 시간이 흐른 후부터는 엄마가 아이를 무시하기 시작했습니다. 아마 스스로를 지키기 위한 본능이었을 겁니다. 그리고 결국 화를 터트리듯이 아이를 공격하고 말았습니다. 엄마가 울고 있는 아이의 한쪽 팔을 우악스럽게 잡고 화장실로 질질 끌고 가는 모습이 나왔습니다. 일련의 과정을 본 우리는 이렇게 말했습니다.

"참 많이 참으셨네요."

아이를 키우는 일은 끊임없는 도발을 반복해서 견디는 것입니다. 아이에게 문제가 있어서가 아니라 '아이의 본질'이 그렇습니다. 그렇기 때문에 아직 성숙하지 못한 아이를 과하게 존중하거나 안 된다는 말을 제대로 전하지 못하면 반드시 대가를 치르게 됩니다.

지금 시대에 아이를 키우는 데 꼭 필요한 능력은 휘말리거나 폭발하지 않고 아이를 성숙하게 제지하는 것입니다. 우리는 감정을 폭발시키지 않는 성숙한 방식으로 아이의 감정을 정리하고 세상의 규칙을 전달할 수 있어야 합니다. 이 능력은 부모뿐 아니라, 아이를 대하는 모든 어른에게 필요합니다.

* * *

한번은 자라다 남아미술연구소 선생님들과 대화를 나누다 이런 이야기를 들었습니다.

"아이들이 정말 산만한 날이었어요. 책상을 한 번 딱 내려쳤는데 갑자기 조용해지는 거예요. 그때 느꼈죠. 아, 이런 것도 필요하구나."

처음 자라다를 세울 때, 낡은 이론에 빠지지 않는 실전적이고 이상적인 교육을 만들겠다는 다짐을 했습니다. 믿었던 동료들에게 이 이야기를 듣는 순간에는 마음에서 뭔가 와르르 무너지는 느낌이 들었습니다. 몇몇 선생님은 자라다에서 배운 방식만으로는 수업에 어려움을 겪고 있었고, 현장에서 터득한 자신만의 방식으로 그 틈을 메우고 있다고 했으니 더 그러했습니다.

분명 우리 교육에 한 가지가 빠졌다는 생각이 들었습니다. 아이를 존중해야 하지만 아이가 원하는 모든 것을 해줄 수는 없다는 인정이었습니다. 가령 큰 종이에 점 하나 찍고 새 종이를 달라고 하는 아이에게 종이를 또 줄 수는 없다는 수업 규칙을 정확히 설명하는 것처럼 말입니다.

***

'좋은 교육'은 아이를 존중하는 마음만으로는 실현하기 어렵습니다. 만일 이 책을 읽고 있는 당신이 아이를 충분히 사랑하고 존중하는데도 문제투성이라면 과잉 존중을 의심해야 합니다.

많은 전문가가 아이 문제 행동 원인이 사랑을 덜 받은 데 있다고 정의합니다. 그러나 현장에서 아이들을 살펴보면 그 반대의 경우가 더 많습니다. 사랑만 잔뜩 받을 때 생기는 문제를 간과해서는 안 됩니다.

안 되는 영역을 명확히 구분해주지 않을 때도 문제 행동이 일어납니다. 아이들은 끊임없이 자신의 행동이 어디까지 허용되는지 그 선을 확인하고자 아슬아슬한 도발을 감행합니다. 선을 알려줘야 할 상황에서 사랑이라는 메시지를 주고 나면 아이는 정작 배워야 할 것을 알지 못한 채로 성장하기도 합니다.

부모에게도 교사에게도 아이를 실제로 겪어보기 전엔 모두가 교육에 대한 자신만의 아름다운 철학이 있습니다. 빠른 시일 내에 그 꿈같은 교육을 실현해내려고 노력하지만 안타깝게도 그 마음만으로는 금방 슬럼프를 겪습니다. '아이를 있는 그대로 존중하는 교육'이라는 말이 우리를 가슴 뛰게 만들지만, 현장에서 생기는 소소한 문제들은 '아이를 동등하게 대하는 존중의 이념'에 끊임없이 물음표를 던집니다.

이 책은 우리가 무엇을 놓쳤는지 알고자 연구했던 현장 자료들을 토대로 쓰였습니다. 아이를 있는 그대로 받아들이는 것만으로 부족함을 느끼고 계셨다면, 이 책을 잘 찾으셨습니다.

* * *

앞서 이야기했던 선생님의 책상 사건을 계기로 저는 자라다 선생님들의 교수법을 분석했습니다. 어떤 선생님은 충분히 아이를 존중하면서도 교실 분위기를 잘 만들어냈지만, 수업 진행에 어려움을 겪고 슬럼프에 빠지는 선생님도 있었기 때문입니다.

공통된 교육 철학 안에서 그런 차이가 발생하는 이유를 오랜 기간 연구했습니다. 더불어 아이의 가능성을 제대로 성장시키는 부모가 가진 특징은 무엇인지, 교육이 그저 방임으로 그치는 일은 어느 때 생기는지, 아이를 존중할 때 간과하는 점은 무엇이고, 아이를 존중하지 않을 때 생기는 부작용은 정확히 무엇인지를 연구하고 정리했습니다.

이 책은 여러 가지 육아 이론을 공부했음에도 불구하고 자신의 육아 현실에 적용하지 못하는 분들을 위해서 쓰였습니다. 예를 들어 앞서 이야기한 다큐멘터리 프로그램에서 만난 사연자 중 한 사람은 육아 이론에 어느 정도 능통했습니다. 그러나 그 이론을 언제 써야 하는지 전혀 감을 잡지 못하고 있었습니다.

교육에서 큰 효과를 불러오는 요소는 아이를 존중해야 하는 순간을 알아채는 직관입니다. 아이들에 대한 공부를 많이 했음에도 불구하고 여전히 육아가 어렵다면, 언제 아이의 행동을 제지하고 어떻게 해야 부작용 없이 아이를 통제할 수 있는지 알아야 합니다. 아들과 딸의 다른 점을 이해하는 동시에 형제자매의 개인차도 이해해야 합니다. 어디까지를 존중할 것인지도 교육자 안에 정립되어 있어야 합니다.

독자 여러분이 그 기준을 정립하는 데 도움을 얻기를 바라며 육아 현실에 즉각적으로 도움이 될 원칙을 아홉 가지 일상 키워드에 압축해 책에 담았습니다.

『아들 때문에 미쳐버릴 것 같은 엄마들에게』가 출간된 후로, 감사하게도 '아이의 성향을 있는 그대로 인정해주는' 자라다의 교육관을 믿고 함께하는 부모님들이 늘고 있습니다.

이번 책은 지난 책의 다음 단계인 '인정 이후' 이야기를 담았습니다. 현장에서 만난 어머님들이 주신 수많은 질문 중 20회 이상 받았던 중복 질문을 토대로 존중만으로는 풀리지 않는 육아 문제에 대한 제 나름의 답을 담았습니다.

이 책이 나오기까지 저에게 질문해준 수많은 어머님들께 진심으로 감사를 전합니다. 묵묵히 옆에서 도와준 자라다 선생님들, 원장님들, 임직원에게도 고마움을 전합니다.

언제나 묵묵히 응원해준 가족들과 사랑하는 아내, 첫째 사랑이와 둘째 믿음이, 제 모든 교육관에 영감이 되어주신 하늘에 계시는 어머니께 무한한 사랑과 감사 인사를 보냅니다.

2020년, 아들연구소에서
최민준

1장

통제

"아이를 공격하지 않고도
통제할 수 있어야 합니다."

엄마

선생님, 저는 오늘도 아이에게 화를 냈어요. 정말 그러고 싶지 않았어요. 다른 엄마들은 어떻게 화를 내지 않고 아이를 키울 수 있죠? 어느 날은 아이를 때리는 엄마들의 심정이 이해가 갈 정도예요. 저는 어디서부터 잘못된 걸까요?

당연한 겁니다. 어머님 잘못이 아니에요. 많은 어머님들이 그런 감정 속에서 살아가고 있습니다. 다만 성숙한 방식으로 해결하는 방법을 배우면 됩니다.

최쌤

엄마
성숙한 방식이요?

네, 핵심은 아이를 공격하지 않으면서도 효과적으로 행동을 이끄는 방식을 익히는 겁니다.

최쌤

엄마
그런 일이 가능한가요?

그럼요. 가능합니다. 먼저 아이에 대해 정확히 아는 것부터 시작해야 해요. 아이를 공격하지는 않지만, 그렇다고 무조건 존중하지만은 않는 그 중간을 찾아가는 겁니다. 너무 많이 존중해주면 결국 화를 내야만 하는 상황이 만들어져요. 우리 모두는 화내지 않고도 충분히 아이 행동을 통제하고 가르칠 수 있습니다.

최쌤

엄마
저는 친구 같은 편안한 엄마가 되는 것이 꿈이었는데….

친구 같은 부모가 되는 것은 좋은 목표입니다. 그런데 아이가 미숙한 시기엔 정확한 규칙을 알려주는 게 먼저예요. 친구 같은 부모는 아이가 규칙을 익힌 후에 되어도 늦지 않습니다.

최쌤

체벌로 아이를
변화시킬 수 있을까요

강연이 끝나면 짧게는 30분, 길게는 한 시간 넘게 질문을 받습니다. 그중 단연 빠지지 않는 질문은 '어떻게 아이를 통제하느냐'입니다.

"저도 이러고 싶지 않은데 방법이 없어요. 우리 애는 정말 좋은 말로 해서는 말을 안 들어요."

뛰지 말라고 백 번을 소리쳐도 소용없는 아들 때문에 아래층 이웃과 엘리베이터 같이 타기도 민망한 지경이 된 어머님, 아들만 다섯이라 하루 종일 소리 지르다가 하루가 끝나는 것 같다는 어머님, 외출하면 회전 손잡이만 찾아다니는 아들을 둔 어머님 등. 강연에서 만난 분들은 저마다의 문제를 가지고 있었습니다.

이런 문제들이 풀리지 않고 반복될 경우, 상황은 더 나빠집니다. 불필요한 감정이 쌓이고, 어느 날 불현듯 감정이 폭발하면서 화살처럼 아이에게 날아갑니다. 아이를 통제하는 데 어려움을 겪는 사람들은 어머님들만이 아닙니다. 선생님도 같은 어려움을 겪습니다.

"교권이 추락해서 아이들이 선생님을 우습게 봐요. 어쩔 도리가 없어요."

예전 같았으면 '매를 들면 해결될 일'이라고 생각할 수도 있지만, 이제 더 이상 매를 드는 건 안 됩니다. '체벌 없이 아이를 키우는 일은 불가능하다'는 외침 속 핵심 메시지는 '아이를 사랑만으로 변화시키는 일은 어렵다'일 겁니다. 그러니 문제의 핵심은 체벌을 하느냐 마느냐가 아닙니다. 우리는 체벌하지 않고도 성숙한 방식으로 아이들을 충분히 통제할 수 있어야 합니다.

아쉬운 점은 지금의 부모와 교사 모두가 성숙한 방식으로 통제하는 방법을 배울 기회가 없었다는 것입니다.

우리는 아이가 문제를 일으키면 사랑의 매로 손바닥을 치거나 집 밖으로 쫓아내는 정도의 훈육을 경험하며 자랐습니다. 그러다 보니 당장 생각나는 카드도 고작해야 협박하거나 고함을 치는 정도입니다. 그나마 아이가 놀랄 정도로 큰소리를 내면 그제야 짧게 효과를 보니 이 방식을 놓을 수가 없습니다. 그런데 한 번 고함으로 문제를 해결하면 다음에는 더 큰 고함이 필요합니다.

"너, 최민준!"

"아, 왜요?"

아이는 결국 몇 번의 실랑이를 벌이고서야 간신히 문제 행동을 멈춥니다. 실랑이 끝에 결국 매를 들게 되는 때도 많습니다. 몇 번 반복되면 어느 순간 자신의 방식이 옳은지, 아이에게 나쁜 영향을 준 것은 아닌지 걱정과 의심이 들어 괴로워집니다.

매, 고함, 협박 등 아이에게 겁을 주는 방식은 그저 궁여지책입니다. 잠시 아이의 행동을 멈췄을 뿐입니다. 아이를 굴복시키려는 노력은 언제나 끝이 좋지 않습니다. 큰소리를 내는 미숙한 통제의 끝은 결국 더 큰 소리와 자극을 향해 갑니다.

아이를 공격하지 않으면서 통제하는 방법을 익히기 전에, 우리는 고함과 매라는 카드를 내려놓아야 합니다.

실랑이 끝에 고함으로 아이를 통제하는 방식은 두 가지 문제를 낳습니다. 첫 번째 문제는 아이가 고함에 적응해버린다는 것이고, 두 번째 문제는 교육자가 권위를 잃게 된다는 것입니다. 이성의 끈을 놓고 소리를 지를 때마다 아이에게 '저 어른은 감정 조절을 못 하는 미숙한 사람이야'라는 인식을 남깁니다. 이런 인식이 쌓이면 교육자를 두려워할지언정 따르게 만들기는 어렵습니다.

오랜 기간 현장에서 아이들을 관찰하며 알게 된 사실이 있습니다. 아이들은 사람에 따라 다르게 행동합니다. 맞습니다. 아이들도 여러분을 평가하고 있습니다. 따라서 아이 앞에서 자신을 조절하지 못하는 미숙함을 반복해서 보인다면 아이는 당신을 신뢰하지 않을 것입니다.

아이의 신뢰를 얻지 못한 어른은 아이를 가르칠 수 없습니다. 조금 어려워도 고함과 매를 내려놓아야 하는 이유입니다.

성숙한 방식으로 아이를 통제하는 방법을 익히는 데 있어 고함과 사랑의 매보다 먼저 버려야 할 것이 있습니다. 우리 마음 깊은 곳에 존재하는 승부욕입니다. 엄마 아빠도 사람이라, 우리의 인내심을 시험하듯 문제 행동을 보이는 아이를 보면 안 되는 줄 알면서도 승부욕이 올라옵니다. 분명 하지 말라고 했는데, 엄마 눈을 바라보며 일부러 한 번 더 하는 아이 모습을 보면 기필코 굴복시키겠다는 생각이 올라옵니다.

"최민준, 너 그만해! 엄마 아주 화났어!"

"싫은데! 나도 화났는데!"

"이리 와!"

아이 등짝에 스매싱을 날리고서야 이 승부는 끝이 납니다. 끝은 났지만 마음이 개운하지 못합니다. 이긴 사람이 없는, 진흙탕 싸움을 또 해버리고 말았으니까요.

분명 아이를 교육하기 위해 시작한 일인데, 어느 순간 승부가 되어버린 이유는 무엇일까요?

아이의 도발에 휘말리지 않기 위한 중요한 과제가 하나 있습니다. 나의 승부욕을 알아차리고 인정하는 일입니다. 훈육이 승부로 전환되는 그 순간 내 마음이 어떠한지 알아차려야 합니다. 아이가 나를 도발하기 전엔 몰랐던 내 마음 깊숙한 곳의 미숙함을 만나야 합니다. 부모로서의 인생에서 마주하는 미숙함을 인정하고 고함과 사랑의 매를 처분해야 성숙한 방식으로 아이를 통제하는 다른 카드를 만질 수 있습니다.

66 성장하는 가정을 위한 한마디 99

아이와 자꾸 실랑이를 하게 된다면
스스로에게 이렇게 말해주세요.

"고함과 채찍으론 아이를 잠시 멈추게 할 수는 있어도
변화시킬 수는 없어. 조금 시간이 걸려도
제대로 된 방향으로 시작해보자."

존중해줘도
말썽만 부려요

초보 교사 때의 일입니다. 당시 저는 아이들을 어른과 똑같은 존재로 대하고 존중하겠다는 마음 하나로 수업을 했습니다. 하지만 마음 한구석에서는 그 존중 방식이 어딘가 잘못됐다는 외침이 있었습니다. 그럼에도 불구하고 아이들의 지나친 행동에 규칙을 내밀지 않았습니다. 지금에 와서 생각해보면 그때는 아이들에 대한 사랑과 열정만 앞섰을 뿐 제대로 가르치지 못했던 것입니다. 그저 아이가 변해주기를 기다렸던 거지요.

예를 들어 아이가 하지 말아야 할 행동을 할 때 선생님으로서 그 행동을 저지하는 것이 아니라 관심을 끊어버려서 문제 행동을 멈추게 했습니다. 그 방식은 효과를 발휘할 때도 있었지만, 어떤 아이들에게는 무용지물이었습니다.

어느 날, 한 아이가 "저, 마법의 물약을 만들 거예요!" 하며 교실 곳곳에 물을 뿌리고 있었습니다. 저는 아이를 존중한다는 명목 아래 아이 행동을 끝까지 제지하지 않았습니다. 아이를 인정하고 존중하면 아이도 저를 신뢰할 것이라는 믿음 때문이었습니다. 아이는 어떻게 되었을까요? 엉뚱하게도 아이가 집에 가고 싶다고 울음을 터뜨렸습니다. 그렇게 수업이 끝났지요. 만일 지금 다시 그 아이를 만난다면 저는 분명히 말해줄 겁니다.

"여기서 물 뿌리는 행동은 하면 안 돼. 이건 규칙이야."

어떤 경우에는 모두가 지켜야 하는 규칙을 정확히 알려줘야 아이들이 안정감을 갖는다는 걸, 아이들을 만나고 몇 년이 지나서야 알았습니다.

아이들이 문제 행동을 하는 이유는 단순히 어른에게 관심받기 위해서가 아닙니다. 또래에게 인정받기 위해 문제 행동을 보이기도 하고, 문제 행동 자체가 본능적일 때도 있습니다. 그러다보면 어떤 경우에는 아이의 문제 행동을 보고 있을 수만은 없는 상황이 찾아오기도 합니다.

이때 아이들의 인격을 존중한다는 개념을 '아이가 원하는 대로 둔다'로 잘못 해석하고 행동에 옮기면 결국 교육자는 대가를 치르게 됩니다.

잘못된 행동을 바로잡기 위해 누군가를 저지하는 일은 상당히 부담스러운 일입니다. 물론 그 상대가 어린아이라고 해서 덜 어려운 것도 아닙니다. 그러나 우리가 아이들의 잘못된 행동을 바로잡는 일을 주저하는 건 교육자의 직무 태만입니다.

교육자는 아이의 자기결정권을 꺾어야 하는 상황에 수없이 놓입니다. 아이는 스스로를 통제하기 힘겨워하며 애가 타는 듯한 마음으로 우리를 바라봅니다. 교육자의 허용 범위를 통해 자신의 행동 영역을 가늠하고 있을 겁니다.

"안돼" "아니야"처럼 지금 아이가 듣고 싶어 하는 말이 아니더라도 해야 하는 말이 있습니다. 아이가 불필요한 감정을 느끼지 않도록 우리가 정확히 말해주는 것입니다.

"시간이 되었으니 이제 잠자리에 들어야 해."

"지금은 하고 싶어도 참아야 해."

이 말을 하는 데 부담을 느끼는 어른은 이렇게 말합니다.

"너 도대체 언제까지 안 자려고 그러니?"

"너 왜 이렇게 안 자고 엄마를 힘들게 하니?"

훈육은 나의 감정과 힘듦을 호소하는 과정이 아니라는 사실을 기억해야 합니다. 또한 바른 훈육의 첫 번째 규칙은 아이가 그 상황에서 불필요한 감정을 느끼지 않는 것입니다.

우리가 해야 하는 일을 깔끔하게 전달하는 방식에 익숙하지 못할 때 불필요한 감정이 들어가기 시작합니다. 예를 들어 상사가 부하 직원의 실수에 대해 이야기할 때를 상상해보면 좋겠습니다.

상사가 "이 부분은 이러저러해서 잘못됐고 수정해야 해"라고 하면 깔끔한 전달입니다. 그러나 "당신이 이러니까 자꾸 낮은 평가를 받는 것 아니겠어? 전에도 이런 실수를 한 적이 있었지? 전에 업체에 메일 보낼 때도 보니 자꾸 부딪히던데 다 연관이 있다고 보이잖아!"라고 하면 '업체 메일 사건은 내가 잘못한 게 아닌데 너무하네' 하며 분노가 치밀어 오릅니다.

훈육을 할 때도 마찬가지입니다. 불필요한 감정이 들어가기 시작하면 말에 힘을 잃습니다. 바른 훈육을 하기 위해선 불필요한 말부터 줄여나가는 연습이 필요합니다.

다음으로 이 불필요한 감정이 과잉 존중에서 출발한다는 사실을 공유하고 싶습니다.

상사들과 이야기를 해보면 상사 나름대로 많이 참고 있습니다. 부하 직원에게 터져 나오듯 불필요한 잔소리를 하는 상사들의 공통점은 평소에 부하 직원을 과하게 존중했다고 생각한다는 점입니다. 그러나 팀원 입장에서는 그 속마음을 전혀 알 수 없는 채로 공격받는 것이지요.

부모와 아이도 마찬가지입니다. "정말 너는 화를 안 낼 수 없는 아이구나!"라는 말에는 내가 얼마나 인내하고 참았는지를 전달하고자 하는 마음이 내포되어 있습니다. 그러나 아이는 부모가 어떤 과정으로 참아왔는지 전혀 알 수 없습니다.

존중하지 않아도 되는 영역까지 과하게 존중하면서 아이가 스스로 자신을 통제할 것을 기대하면 자꾸 화가 납니다. 아이의 모든 이야기를 완벽히 존중하겠다는 마음을 버려주세요. 우리 아이는 아직 아이일 뿐입니다.

. . . .

66 성장하는 가정을 위한 한마디 99

아이를 통제할 때는 이렇게 깔끔하게 말해주세요.

"이건 규칙이야."

. . . .

밖에서 더 큰 목소리로
저를 도발해요

"하지 말라고 했을 때 안 하면 될 걸. 왜 한 번 더 해서 같은 말을 또 하게 만드는지 모르겠어요."

현장에서 부모님을 만날 때마다 듣는 하소연입니다. 당연히 화가 날 일입니다. "하지 마"라고 말할 때 아이가 "싫은데?" 하면 속에서 뭔가가 뻥 터지는 것 같지요. 그런데 이런 식으로 하지 말라는 행동을 한 번 더 하는 아이는 정상입니다. 원래 사람은 한 번 말해서는 안 듣는 존재입니다. 자기의지, 자아, 밈(meme)이 존재하기 때문이고 그래서 동물과 인간은 다릅니다.

세 살 아이가 엄마와 아빠의 뺨을 후려치는 건 패륜이 아닙니다. 어디까지 해도 되는지 선을 가늠하고 세상을 탐색하는 정상적인 행위입니다. 다만, 우리는 아이 손을 제지시키고 눈을 지그시 바라보며 이렇게 말할 수 있으면 됩니다.

"누군가를 때리면 안 돼."

교육자가 아이를 통제하는 방법을 체득하는 일은 굉장히 중요합니다. 최소한의 규칙으로 아이를 통제하는 방법을 익히지 못하면 그 부작용이 만만치 않습니다. 서로의 부족함을 집에서 대면하는 것은 괜찮은데, 그 상태로 밖에서 타인을 만나면 해결하지 못했던 문제들이 쏟아져 나옵니다. 이럴 때 가장 많이 나오는 질문은 이것이지요.

"밖에만 나오면 아이가 다른 사람들 시선을 믿고 안 쓰던 생떼를 부려요. 어떡해야 좋을까요? 밖에서도 집에서처럼 화를 내야 하나요?"

이 문제는 훈육을 혼내는 것으로 잘못 정의 내린 오류 때문에 해결이 더 어려웠을 것입니다. 훈육이 아이를 당황시켜 행동을 제압하거나 더 크게 화를 내어 이기는 싸움이 아니라, 집 밖에서는 어디까지가 자유인지 아이에게 선을 가르치는 일이라고 정의를 바꾸면 문제 해결은 쉬워집니다.

모두가 짐작하는 것처럼, 아이가 밖에서 떼를 더 잘 쓰는 이유는 교육자가 타인 앞에서 더 약해진다는 연결 고리를 정확하게 파악했기 때문입니다. 그럴 땐 교육자도 승부욕이 돋습니다. '내가 물러설 줄 아니?'라는 마음으로 보란듯이 사람들 앞에서 단단히 혼을 내고 싶어집니다. 이 방식으로 아이를 제압하고 "하면 안 된다"는 메시지를 주면, 하루 정도는 이길 수 있습니다. 하지만 아이가 반복해서 걸어오는 전투에서 지치지 않기란 쉽지 않습니다.

바깥에서 펼쳐지는 아이와의 전투에서 교육자는 잃을 게 많지만 아이는 잃을 게 거의 없습니다. 엄마가 소리를 질러 아이를 빠르게 제압했다 해도, 그 순간에 얻은 민망함은 훈육의 지속성을 약화시킵니다. 게다가 모르는 사람들이라면 몰라도, 시부모님이나 다른 가족은 이런 모습을 가만히 두고 보지 않습니다.

"왜 쓸데없이 애를 잡아? 그냥 이거 해주면 되잖아"라고 외치는 아이의 지원군이 나타나면, 아이는 그간의 설움을 담아 큰 소리로 울기 시작합니다. 정말 울고 싶은 사람은 따로 있는데 말이지요.

이 모든 악순환의 고리는 훈육의 정의가 바로잡혀야 끊어집니다. 훈육을 혼내는 것으로, 아이를 굴복시키는 과정으로 정의 내렸기 때문에 문제가 생기는 것입니다.

훈육은 어느 한쪽이 이겨야 끝나는 싸움이나 스포츠가 아닙니다. '미숙한 아이에게 휘말리지 않고, 세상의 규칙을 알려주는 일'입니다. 우리는 아이의 생떼와 미숙한 요구에 휘말리지 않고 자리를 벗어나, 아이 눈을 바라보며 규칙을 반복해 알려줄 수 있어야 합니다. 아이가 승부를 걸어오고 진흙탕 싸움으로 교육자를 끌고 들어가려 해도, 우리는 그 초대를 여유롭게 거절할 수 있어야 합니다. 만약 그렇지 않으면 아이에게 승부욕만 생기게 만들 뿐입니다. 그렇게 훈육이 승부로 변해버리는 순간, 정작 가르쳐야 할 것들은 바닥으로 가라앉게 됩니다. 왜 아이를 혼냈는지는 기억조차 나지 않으며, 안 좋은 감정만 기억나는 악순환의 고리가 이어지게 될 것입니다.

❝ 성장하는 가정을 위한 한마디 ❞

밖에서 아이가 통제되지 않을 때 이렇게 말해주세요

"여기는 집 밖이고, 우리가 여기서 시끄럽게 하면
다른 사람들이 피해를 봐. 이야기는 집에 가서 해야 해."

훈육할수록
아이가 더 떼를 써요

아이의 황소고집 다루는 방법을 묻는 어머님들이 많습니다. 아이가 고집을 부리면 훈육이 불가능해지는 것은 당연합니다. 저는 떼쓰는 아이 때문에 고민이 많은 부모님들에게 두 가지를 질문합니다.

"아이가 주로 어떤 상황에서 떼를 쓰나요?"

"아이에게 안 된다는 말은 정확히 어떻게 하셨나요?"

아이에게 안 된다는 말을 모호하게 할 때가 있기 때문입니다.

"운전을 방해하면 집까지 혼자 걸어가야 한다고 말했어요"라고 상황을 설명하는 어머님도 있고, "너 그럴 거면 말 시키지 마"라고 했다는 어머님도 있습니다. 그럼 저는 다시 묻습니다.

"그렇군요. 그럼 '그건 안 되는 거야'라는 말은 정확히 어떤 문장으로 하셨어요?"

우리는 안 된다는 말을 정확하게 전달하지 못할 때가 많습니다. 안 된다는 말이 아이 정서에 나쁘다고 어디에선가 언뜻 들었기 때문일 겁니다. 그러나 안 되는 건 처음부터 안 된다고 설명해야 아이가 포기하기 좋습니다. 정확하고 빠른 입장 표명이 아이의 괴로움을 줄여줍니다.

아이에게 안 된다는 말을 하지 않고 가르치려고 하면 아이는 '아, 내가 조금만 더 강하게 말하면 엄마가 허락하겠구나'라는 기대를 하기 때문에 문제가 됩니다.

일상에서 나누는 말들을 예로 들어보겠습니다. "차 안에서 핸드폰 보면 안 돼"라는 말을 돌려 말하느라 "그러면 눈 나빠진다" "그럴 거면 너 혼자 걸어와"라고 한다면 '눈이 나빠지는 걸 감수하면 봐도 된다는 뜻인가?'라는 잘못된 기대를 심어줄 수 있기 때문에 문제가 됩니다. "텔레비전은 멀리서 봐야 해" "엄마 운전할 때 그렇게 떼를 쓰면 안 돼"라고 정확히 말해주는 편이 낫습니다. 물론 그 순간에 아이가 크게 울거나 속이 상할 수는 있습니다.

아이가 우는 것이 부담스러워서 질질 끌며 헷갈리게 하는 것보다는 처음부터 부모님이 정확하게 가이드를 줘야 아이도 자신의 고집을 버리기 쉬워집니다. 안 된다고 정확히 말하지 않는 것이 아이에겐 희망 고문이라는 사실을 꼭 기억해야 합니다.

이런 일들에서 교육자가 기억해야 할 핵심이 있습니다. 아이를 제지하기 두려워하는 마음에서 탈출하는 것입니다. 만일 어떤 영역이든지 아이가 이미 잔뜩 기대하고 있는데 그 기대와 행동을 꺾어야 한다면 심호흡을 크게 하고, 사달이 날 준비도 해야 합니다.

변하지 않는 사실이 있습니다. 안 된다는 말이 늦어질수록 상황은 더 나빠진다는 것입니다. 수많은 육아서에서 원칙과 일관성을 강조하는 이유는 기대 관리 때문입니다. 이번 주말에 아이에게 스마트폰을 허락했다면, 아이는 다음 주말에도 스마트폰 사용을 기대할 것입니다. 아이가 하는 기대 가운데 최악은, 부모님을 피곤하게 만들고 조르고 떼를 쓰면 내 마음대로 할 수 있다는 기대입니다. 우리는 종종 아이의 기대와 싸워야 할 때가 있습니다. 그 싸움은 길고 힘듭니다. 꺾어야 하는 기대와 받아줘야 하는 기대가 구분되지 않기 때문에 그 고됨은 가볍지 않습니다. 그러니 교육자가 기준을 세워야 합니다. 그것이 곧 자녀 교육 원칙이 되기 때문입니다.

많은 분들이 "세 살, 텔레비전을 보여줘도 되나요?" "네 살, 스마트폰을 부여줘도 되나요?" "여섯 살, 미디어를 얼마나 보는 게 적당한가요?"라고 묻습니다. 그 고민이 얼마나 오래 반복됐을지 충분히 짐작하고 있습니다. 저는 항상 이렇게 대답합니다.

"그건 아이가 처한 환경과 기대 수준에 따라 다릅니다."

교육자는 타인에게 적정선과 평균을 묻기 전에 스스로에게 질문해야 합니다. 내 안에, 우리에게 어떤 규칙이 있는지. 아이와 얼마만큼 합의가 되었는지.

특히 아이들에게는 안 되는 이유를 설명해야 할 때와 정확하게 안 된다고 제지해야 할 때를 명확히 구분해줘야 합니다. 아이들은 본능적으로 상황을 판단하는 속도가 어른보다 빠르기 때문입니다. "안 돼"라는 말을 하는 것이 부담스럽다는 이유로 꼭 필요한 순간에 하지 못하면, 더 오랜 시간 아이를 괴롭게 합니다.

다시 차 안에서 스마트폰을 보는 아이 문제로 돌아가보겠습니다. 이 책을 보기 전엔 이렇게 이야기했을 수 있습니다.

"민준아, 차에서 스마트폰 보면 눈이 나빠져서 병원에 가야 해요."

"계속 스마트폰만 보면 민준이 눈 나빠져서 엄마가 너무 속상할 거 같아요."

"안 되겠다, 민준이 내려주세요. 민준이는 걸어서 올 거래요."

불필요한 말이 많이 보입니다. 잘못된 기대도 낳고 있습니다. 이 대화는 이렇게 바뀌어야 합니다.

"민준아. 차 안에서 스마트폰은 안 돼."

"민준이 스마트폰 많이 보고 싶구나. 그러나 안 돼."

"민준이 속상하구나. 그러나 안 돼."

"그랬어? 그렇지만 안 돼."

부모님 입장이 분명해야 아이도 포기하기 쉽습니다. 기억하세요. 아이는 나무나 돌에게는 떼쓰지 않습니다. 입장이 분명하지 않은, 흔들리는 누군가에게 떼를 쓸 뿐입니다.

" 성장하는 가정을 위한 한마디 "

자기 고집을 관철하려는 아이에게는 단호하게 말해주세요.

"안 돼."

아이의 기대를 꺾기
너무 힘들어요

아이 기대를 꺾어야 하는 순간이 오면, 부담을 떨치고 아이에게 기대할 수 없는 것과 기대해도 되는 것을 정확하게 분리해 전달해야 합니다. 이것을 저는 기대 관리라고 표현하겠습니다.

아이가 주말에 수영장을 갈 것이라고 기대하고 있는데 그 기대를 꺾는 일은 상상만 해도 피곤합니다. 아이에게 "이번 주말에 잘하면 수영장에 갈 수도 있어!"라고 말했다면 천재지변이 오지 않는 이상 수영장에 가는 게 좋습니다.

만일 아이가 주말 내내 스마트폰으로 동영상 보기를 기대하고 있다면, 캠핑을 가겠다는 아빠의 계획은 이뤄지기가 쉽지 않을 겁니다. 이 모든 것의 문제는 아이가 기대하고 있기 때문입니다.

쉬운 양육이란, 주말에 수영장에 갈 수 없을 때는 갈 수 없다고 미리 말하는 것이며, 주말 내내 스마트폰을 보는 건 안 된다고 명확하게 알려주는 것입니다.

그러나 세상사가 계획대로 되지만은 않습니다. 수영장 약속을 반드시 지킬 수 있을 거라고 생각했는데 갑자기 비가 와서 못 가게 될 수도 있고, 아이가 장염에 걸려 세상에서 가장 좋아하는 빵을 주지 못할 수도 있습니다.

이렇게 아이 기대를 꺾는 가장 좋은 방법은, 항상 정확하게 상황을 설명하고 안 되는 것과 되는 것을 구분하여 입장을 표명하는 겁니다.

더 이상 아이의 기대가 자라지 않도록 정확하고 가장 솔직하게 현재 상황을 이야기하고, 아이가 빠르게 포기할 수 있도록 돕는 겁니다.

한번은 방송사에서 아들 교육에 대한 다큐멘터리를 찍겠다며 촬영 협조를 구한 일이 있었습니다. 약속한 날이 되었는데도 촬영팀이 오지 않아 연락을 했더니, 나중에 연락을 주겠다는 겁니다. 우리는 촬영에 협조한다고 카페 회원 2만 명에게 공지도 하고, 주변 사람들에게 양해도 구해놓은 상황이었습니다. 나중에 알고 보니 기획 방향이 바뀌어 출연이 무산되었는데도, 미안한 마음에 차일피일 연락을 미룬 것이었습니다.

촬영이 무산되었을 때 바로 말해줬다면 불편한 일 없이 쉽게 넘어갈 수 있었습니다. 해야 할 말을 미루고 숨기니 나중에는 불필요한 감정과 오해가 쌓인 겁니다. 저 역시도 상대방에게 정확하게 입장 표명을 하지 못해 상대방을 괴롭게 한 적이 있습니다. 상대방에게 미안한 마음에 이미 결정된 사실을 통보하는 걸 미루면, 작게 끝날 일인데도 불필요한 감정을 낳게 됩니다.

아이를 키우다보면 입장을 분명히 해야 할 때가 많습니다. 부모에게 단호함이 필요한 이유는 쓸데없는 기대를 줄이기 위함이기도 합니다. 종종 이유를 돌려서 설명해도 아이가 알아들을 때가 있습니다. 그럴 땐 '다 컸구나' 하며 어른처럼 느끼기도 합니다. 문제는 아이가 진짜 어른이 아닌 그저 흉내를 내는 미숙한 존재라는 점입니다. 어느 순간에는 알아들었어도, 떼를 부리고 싶을 때는 떼를 부립니다. 결국 아이를 어른 다루듯 회유하다가 안 되겠다 싶으면 행동으로 아이를 굴복시키려고 합니다. 달리는 차 안에서 내리라고 한다든지, 영원히 밥을 먹지 말라고 한다든지, 너만 여기 있고 엄마는 갈 거라고 한다든지 말이죠. 이렇게 말로 굴복시키려는 행위는 우리의 미숙함을 보여주는 일화라고 생각하면 좋겠습니다. 상처받을까봐 두려워서 돌려 말하는 백 마디 말보다 부드럽고 단호한 "안 돼" 한 번이 아이의 인생에 훨씬 더 좋은 일입니다.

아이가 상처받을까봐, 사랑받지 못한다고 오해할까봐, 안 된다고 말하지 못하는 교육자의 마음을 저 역시 가져봤습니다.

하지만 아이들은 부모님과 선생님이 평소에 자신에게 보여준 사랑을 생생하게 기억하고 있습니다. 안 된다는 말에 당장은 떼가 나고 속이 상하고 심술이 나긴 하지만, 그렇다고 해서 나의 부모님과 선생님이 나를 사랑하지 않는다고 생각하는 일은 없다는 사실을 이 책을 빌어 여러분께 전달합니다.

66 성장하는 가정을 위한 한마디 99

아이에게 이렇게 말해주세요.

"지금은 해줄 수 없어."

엄마에게
막말과 욕을 해요

초등학교 2학년이 된 아이를 둔 어머님과 상담을 했습니다. 아이가 아빠만 무서워하고 본인을 편하게 생각한다는 것이 걱정이었습니다.

"편하게라⋯. 혹시 아이가 약속을 안 지키거나 무례하게 구나요?"

어머님의 얼굴에서 그 고민을 얼마나 오래 해왔을지가 느껴져 저는 아이의 심각성을 물었습니다. 아이는 약속도 잘 지키지 않고, 쉽게 화를 내고, 욕을 한다고 했습니다. 초등학교 2학년인 아이가 엄마에게 욕이라니. 어른의 입장에서는 쉽게 받아들일 수 있는 부분이 아니기에 저는 어떻게 대처했는지를 질문했습니다.

"욕하지 말라고 하고, 혼도 냈어요. 상담소에도 다녀왔는데 좀 세게 혼내고 체벌해야 한다고 조언을 받았어요. 그때 잠깐 말을 듣긴 했는데…."

아이의 어머니는 끝까지 말을 잇지 못했습니다. 아이에게 큰 변화가 없었던 것입니다. 엄마가 어떻게 대처를 하든 아이의 문제 행동에 큰 효과가 없는 것 같은 때가 육아에서는 비일비재합니다. 그 강도가 점점 더 심해지기 때문에 '이런 경우는 처음인데' 하며 부모님은 더 크게 놀라게 되지요.

저는 다시 질문했습니다.

"어머님이 생각하시는 바람직한 부모상은 어떤 모습일까요?"

이런 대답이 돌아왔습니다.

"글쎄요…. 아이를 많이 사랑해주고 같이 잘 놀아주고 대화가 잘되는 것 아닐까요?"

"한마디로 친구 같은 부모님이요?"

"네, 맞아요."

이제 막 성장하기 시작한 아이를 가르칠 때는 친구 같은 부모가 되겠다는 욕심을 살짝 내려놓기를 권합니다. 아이와 친구같이 지내는 단계는 아이의 신체가 충분히 어른만큼 성장하고, 도덕적으로도 성숙해진 후에 시도해도 늦지 않습니다. 지금은 아이가 하면 안 되는 행동에 대한 통제권을 확보하는 편이 더 좋은 시기입니다.

아이를 통제하기 어려워하는 부모님일수록 체벌 강도를 높이는 방법을 고민하는 경우가 많습니다. 그런데 아이들이 보기엔 체벌을 해도 우스운 엄마가 있고, 체벌을 안 해도 무서운 엄마가 있습니다. 체벌이 핵심이 아니라, 엄마가 한 번 뱉은 말은 지키는구나 하고 인식시키는 것이 핵심입니다. 저는 상담을 이어가면서 아이 어머니에게 다시 질문했습니다.

"제가 도움을 드리자면요, 먼저 한 가지를 같이 정해보는 게 좋을 것 같아요. 어머님이 아이에게 절대로 못 하게 하고 싶은, 금지하고 싶은 행동이 무엇일까요?"

"저에게 무례하게 구는 거, 안 했으면 좋겠어요."

그 자리에서 저와 아이 어머니는 '엄마에게 무례하게 굴면 안 된다'는 규칙 하나만 가르치겠다는 목표를 세우고 문제에 다시 집중했습니다. 너무 많은 규칙을 가르치려고 하면 아이는 한 가지도 배우기 어렵습니다. 더 큰 문제는 규칙을 많이 말할수록 엄마 역시 자신의 말을 지키기 어려워진다는 사실입니다. 아이와 작은 약속을 지키지 못하는 교육자는 필시 권위를 잃습니다. 아이를 잘 가르치려면 처음부터 지킬 수 있는 약속을 하는 것이 중요합니다.

이 맥락에서 모든 교육자가 기억해야 할 것이 있습니다. 훈육하기 전에 늘 명분이 확실한지 확인하는 것입니다. 만일 명분이 분명하지 않으면 훈육하다가 금방 동력을 잃기 때문입니다. 중간에 '아이 말도 일리가 있는데… 그냥 들어줄까?'라는 생각이 드는 순간 아이는 귀신같이 그 마음을 알아차립니다. 교육은 자연스럽게 힘을 잃습니다.

그러니 오늘부터 그런 모습과는 단호하게 이별해야 합니다. 엄마가 단호한 모습을 보여줄수록 아이는 '엄마는 내가 규칙을 지켜야 할 때 물러나지 않는구나' 하고 학습하게 됩니다.

"이번에도 아이가 욕하는 문제로 혼을 내는데, 너무 속상한지 통곡을 하는 거예요. 그때 제가 실수하고 있다는 생각이 들더라고요. 제가 너무 단호하게 가르치면 아이가 힘들지 않을까요?"

아이가 얼마나 여리고 약한지 잘 아는 부모님일수록 아이가 상처받을 일을 피하고 싶어지지요. 그게 부모만이 갖는 사랑인 것 같습니다. 저는 이런 설명을 했습니다.

"아이는 생각보다 강합니다. 걱정하지 마세요. 아이가 무례하게 굴 때는 안 된다고 말해주세요. 단호하게 하셔야 해요. 중요한 건 '무섭게'가 아니라, '철두철미하게'입니다. 옆에 어려운 사람이 있을 때도 예외가 없어야 해요. 그래야 아이가 '아, 이건 변하지 않는구나'라고 느끼고 적응합니다."

아이 어머니는 그제야 용기를 얻은 것처럼 보였습니다.

"그럼 이런 단호한 모습은 언제까지 보여줘야 하나요? 제가 사실 좀 마음이 약해요…."

솔직히 시기를 숫자로 명확하게 대답해드리기는 어렵습니다.

하지만 언제 멈춰도 좋을지를 알아볼 수 있는 힌트를 알려드리겠습니다.

정확히 안 되는 것을 공표하고 철두철미하게 실행해서 아이가 거기에 적응할 수 있게 되면, 아이는 이렇게 생각합니다.

'엄마 말은 이제 들어야 하는구나.'

학습이 되기 시작하는 것이지요. 이걸 딱 세 번만 반복해보는 겁니다. 실패도 세 번이면 학습이 되고, 엄마 말을 듣고 적응하는 과정도 세 번이면 아이에게는 충분히 익숙해지는 시간이 됩니다. 처음에는 인위적인 것 같아도 그 세 번이 지나고 나면 엄마와 아이의 분위기는 바뀌어 있을 것입니다. 엄마 말은 꼭 들어야 할 것 같은 분위기, 이걸 형성하는 것이 핵심입니다.

· ·

66 성장하는 가정을 위한 한마디 99

아이에게 이렇게 말해주세요.

"엄마가 한 번 말한 것은 반드시 지킬 거야."

· ·

아이가 예민해서
작은 일도 그냥 넘어가지 않아요

"선생님, 정말 이 아이 때문에 미치겠어요. 하나하나 다 전쟁이에요. 옷 입히고 양치시키는 것 하나도 그냥 하는 법이 없어요. 힘들어 죽겠습니다."

부모님들이 가장 힘들어하는 것 중 하나는 아이가 하던 일을 멈추게 하고 지시에 따르게 유도해야 할 때입니다.

아이 입장에선 어른의 말을 안 듣는 데에 이유가 있습니다. 예를 들어 아이가 씻어야 할 때 부모님만 속으로 '조금만 더 놀게 하고 빨리 씻겨야지'라고 생각하는 경우가 많습니다.

그러다 갑자기 아이에게 이렇게 통보를 해버립니다.

"이제 놀만큼 놀았으니 빨리 씻고 자야 해."

그러면 아이는 자지러지면서 엄마 팔에 대롱대롱 매달립니다.

이럴 때마다 엄마는 이해가 가질 않습니다. '다른 집도 다 이런 가? 더 강하게 말해야 하나?' 고민합니다. 책에서 배운 대로 말해보기도 합니다.

"안 돼! 엄마가 씻어야 한다면 씻어야 하는 거야."

단호하게 말하지만 아이 울음은 그칠 줄 모릅니다. 결국 엄마는 아이를 설득하고 있습니다. 이 악순환은 어떤 고리를 타고 오는 걸까요?

부모와 자녀 사이에 겪는 갈등 중 상당수는 아이가 싫어하는 것을 시켜야 하는 숙명에서 시작됩니다. 어떤 아이는 씻는 것에, 어떤 아이는 공부에, 어떤 아이는 먹는 것에 예민합니다. 그럼에도 불구하고 부모는 무언가를 계속 시켜야 하는 입장에 있습니다.

만일 씻기는 과정에서 몇 번의 전쟁을 치른 경험이 있다면, 씻자고 말하기 전부터 긴장이 감돌고 결국 '아이 씻기는 것조차 이렇게 힘들면 나중에 나는 어떻게 살아야 하나?' 하는 생각이 들며 좌절감을 느끼기도 합니다.

이럴 때 필요한 훈육의 기술이 '예고하기'입니다. 아이 머릿속에 무엇을 해야 하는지 생생하게 그려주는 행위는 엄마의 지시에 정당성을 부여하고 마음에 안정을 주는 매우 중요한 기술입니다.

집에 들어오자마자 손을 씻기는 일이 힘들었다면, 들어가기 전부터 최소 3회 예고하는 습관을 가져보기를 권합니다.

"민준아, 집에 들어가면 바로 화장실 가서 손 씻을 거예요."

"들어가면 엄마가 민준이 뭐부터 한다고 그랬지? 그렇지. 손 씻을 거야."

"민준아, 이제 문 열면 바로 화장실 가서 손 씻을 거예요."

이런 작은 행동이 예민한 아이들에게 안정감과 마음의 준비를 할 수 있게 해줍니다. 반대로 말하면 예고되지 않은 행동을 강요하면 매일 해야 하는 양치라도 아이에겐 공격적인 권리 침해로 느껴질 수 있습니다.

아이뿐 아니라 어른도 마찬가지입니다. 사람들 대부분은 모두 예상치 못한 일이 갑자기 닥치면 기분이 상합니다. 주말에 쉬려는데 사장님이 갑자기 회사에 나오라고 하면, 혹은 나는 디자인을 하기 위해 입사했는데 예고되지 않았던 업무를 맡는다면 당연히 기분이 좋을 수 없습니다. 사전 고지를 받고 마음의 준비를 할 수 있도록 시간을 주고받는 일이 팀으로 움직이는 사람들 사이에서 지켜야 하는 최소한의 예의라고 볼 수 있습니다.

그런 면에서 부모는 아이와 하나의 사회이고 팀입니다. 해야 할 일을 물러서지 않고 단호하게 말해주는 것만큼, 사전 예고가 중요합니다.

물놀이가 좋아서 목욕이 끝날 때마다 우는 아이에게도 예고는 결정적인 도움이 됩니다. 키즈 카페 들어가면 절대 나오기 싫어하는 아이에게도 마찬가지입니다.

"민준아, 우리 이제 나갈 거야. 마음의 준비하고 놀자."

"자, 이제 5분 후에 나갈 거야. 마지막으로 놀아보고 싶은 데서 실컷 놀고 와."

"딱 1분 후에 나간다. 마음의 준비해요."

이렇게 순차적으로 말한 뒤 시간이 되면 들쳐 메고 나오면 됩니다.

예고의 힘은 마지막 순간에 발휘됩니다. 제대로 된 예고를 거쳤다면 아이는 오래 울지 않습니다.

그동안 눈물이 그치지 않고 분노로 이어졌다면 그 본질적인 이유는 '더 놀고 싶은데 나가야 해서'가 아닙니다. '동의 없이 강제로 나를 데리고 나가서' 화가 났던 겁니다.

같은 의미로 엄마가 하지 말라는 행동을 기어이 한 번 더 하는 아이들의 진짜 이유 역시 '나에게도 생각과 자아가 있어!'라는 마음을 보여주기 위함입니다.

아이가 예민해하는 영역을 꺾어야 할 때 예고는 전쟁을 줄여주는 중요한 요소가 됩니다.

한번은 유치원 다녀올 때까지 자기 장난감을 절대 치우지 못하게 하는 아이의 부모님과 상담을 했습니다.

아이 어머니는 아이가 유치원에 간 사이에 장난감을 치우면, 집에 와서 굉장히 크게 분노하기 때문에 치울 수가 없다고 했습니다. 도대체 아이는 왜 장난감을 치우지 못하게 했을까요? 장난감을 치우면 아이가 분노하는 궁극적인 이유는 뭘까요?

장난감에 아이의 자아를 담았기 때문입니다. 이렇게 생각해봅시다. 다른 사람이 갑자기 내가 쓴 기획서의 부족한 점을 꼬집으면 흡사 내가 공격당하는 듯한 감정을 느끼게 됩니다. 더구나 갑작스럽게 지적받는다면 존중받지 못했다는 기분이 더 크게 들어서 화가 나지요. 이 아이도 부모님이 장난감을 치우는 행위가 나를 존중하지 않고 나를 공격하는 행위로 연결되고 있는 겁니다.

이럴 때 필요한 육아 기술은 예고하기입니다.

"장난감은 반드시 치워야 하는 거야. 그런데 엄마 마음대로 하려는 것은 아니야. 엄마가 시간을 조금 더 줄 테니까 조금 있다가 같이 정리하자."

'예고하기'는 아이에게 해야 할 일은 반드시 해야 한다는 메시지와 함께 이를 쉽게 결정한 것이 아니라는 사실을 알려줄 수 있습니다.

이런 과정을 거치고 나면 아이의 분노까지는 이어지지 않습니다. 분노가 없는 울음은 오래가지 않습니다.

바른 방식으로 훈육을 했다고 생각하는데 아이가 눈물을 멈추지 않고 소리를 지를 수도 있습니다. 아이가 불안한지, 혹은 부당하다고 생각하는지를 돌아봐야 합니다. 생리적인 문제로 울고 있을 수도 있습니다. 이럴 경우에는 훈육을 계속 해봐야 안 좋은 상황만 이어집니다.

그러니 아이에게 꼭 미리 말해주세요. 예고하기는 부당하다고 느끼는 감정과 불안한 감정을 동시에 해소해주는 존중하는 훈육법의 중요한 기술입니다.

······································

66 성장하는 가정을 위한 한마디 99

아이에게 이렇게 말해주세요.

"이제 갈 거야. 마지막으로 신나게 놀고 와.
그리고 마음의 준비를 하렴."

······································

아이를 힘으로
제압해도 되나요

"너 엄마가 하지 말라고 했어!"

"어허! 그만해!"

"최-민-준!!"

평소 엄마들이 잘 쓰는 3단 콤보입니다. 저도 이런 말을 듣고
자랐습니다. 이 3단 콤보 안에는 아이를 굴복시키려는 의지가 담
겨 있습니다. 처음 몇 번은 이 방식이 빠른 효과를 보일 수는 있
겠지만, 시간이 흐를수록 효과가 반감됩니다. 아이 마음속 깊은
곳의 승부욕을 건드리기 때문입니다.

자기 조절이 되지 않는 어린아이일수록 성숙한 엄마의 통제를
승부로 받아들이기 쉽습니다. 그래서 지금까지는 아이에게 휘말

리지 않는 성숙한 정신이 제일 중요하다고 이야기했습니다.

그러나, 그럼에도 불구하고, 끝을 봐야 하는 순간이 옵니다. 아이가 엄마의 경고를 무시할 때, 우리는 더 이상 말로 해서는 안 됩니다. 이때가 바로 '불필요한 감정을 낳지 않는 선에서의 물리적 제지'가 필요합니다.

한번은 제 딸아이가 고속도로를 달리는 도중에 카시트에 앉아 있기 싫다고 몸부림을 친 적이 있습니다. 딸은 뒤에서 괴성을 지르며 울부짖었고 아내는 그런 아이를 달랬다가 협박했다가 안절부절했습니다. 딸아이의 울음과 떼가 길어지자 아내는 힘들어했습니다.

아이를 키우는 모두가 한 번은 겪는 흔한 상황입니다. 저는 먼저 아이가 아픈 것은 아닌지 혹은 다른 생리적인 문제가 있는 것은 아닌지 점검해봤습니다. 잠이 오는 시간일 수는 있지만, 별다른 문제는 없어 보였습니다. 자신의 요구를 들어주지 않은 엄마, 아빠에 대한 분노 같았습니다.

이럴 땐 별다른 선택이 없습니다. 물리적인 제지가 필요합니다. 다만 물리적인 제지를 잘 해내려면 몇 가지 절차가 필요합니다. 자칫 잘못하면 공포감을 줄 수 있고 아이와의 신뢰를 산산조각 낼 수 있습니다. 아이에게 트라우마 같은 경험과 기억을 남길 수 있으므로 신중해야 합니다. 절차 없는 강한 물리적 제지는 아이에게 강한 분노와 굴욕감만 주기 때문입니다.

아이의 눈을 보니 카시트에 타기 전 의사를 묻거나 예고한 적이 없었다는 이유로 공격당하고 있다고 느끼는 듯 보였습니다. 동의 없이 카시트에 앉힌 것에 강한 불만을 갖고 있는 겁니다. 이렇게 예민한 상태인 줄 알았다면 카시트에 태우기 전에 예고를 충분히 할 걸 그랬습니다. 그러나 우리는 늦었어도 할 말을 해야 합니다.

"사랑아, 카시트는 꼭 타야 하는 거야. 만일 계속 눈물이 나면 아빠가 차를 잠시 멈추고 뒤로 갈 거야."

물리적인 제지를 해야 할 때도 예고가 중요합니다. 차를 멈추고 뒤로 가는 행위 자체도 아이에게 불안을 야기할 수 있으므로, 아빠가 너를 무시하지 않고 있으며 이제 곧 차를 멈추고 뒤로 갈 거라고 알려줬습니다. 가다보니 졸음 휴게소가 보입니다. 차를 서서히 정차하면서 한 번 더 아이에게 예고했습니다.

"이제 차 멈추고 뒤로 갈 거야."

이런 행동들이 아이에게는 지금 벌이는 일들이 위협적이거나 승부가 아니라는 중요한 신호가 됩니다.

그 후 저는 아이를 잠시 밖으로 안고 나와 토닥이며 아이의 감정을 충분히 정리시켰습니다.

"사랑아, 카시트를 아빠가 강제로 앉혀서 많이 속상했구나. 그런데 지금 사랑이가 카시트 없이 차에 타기에는 위험해서 꼭 카시트에 앉아야 해."

사람은 어떤 경우엔 그저 내 이야기를 들어주지 않는다는 느낌만으로도 강하게 분노를 느낍니다. 훈육에 앞서 말을 통해 먼저 아이 마음을 읽어주고 상황을 정리해주면 아이가 감정을 추스르는 데 큰 도움이 됩니다.

그렇지만 해야 하는 일에 대해선 피하지 않고 다시 한 번 힘주어 설명해야 합니다. 비록 아이 눈물이 부담스럽더라도 지금 우는 것이 낫습니다. 이번 눈물은 크게 울더라도 이전의 눈물과는 차이가 있습니다. 이전의 눈물은 분노의 눈물이자 소통이 되지 않는다는 답답함이라면, 이제는 받아들임의 눈물이기 때문입니다.

"이제 다시 카시트에 앉을 거야."

이 이야기를 듣는 순간 아이는 또 눈물을 보입니다. 정당한 눈물입니다. 그전의 울음과 별 차이가 없어 보일 수도 있습니다. 여기서의 눈물은 아이가 패배감이 아닌 정당한 훈육을 느끼고 있다는 점이 다릅니다. 아이가 울고 울지 않고가 아니라 과정을 제대로 거치는 것이 중요합니다.

"자, 이제 1분 후에 바로 앉을 거야. 마음의 준비를 해야 해."

이번에도 마찬가지로 예고를 합니다. 아이가 시간을 몰라도 상관없습니다. 신중한 예고엔 존중의 느낌이 있습니다. 예고를 통해 절차를 갖춘 후 아이를 다시 카시트에 앉힙니다.

이런 훈육을 받아본 적이 없다면 아이는 다시 온몸에 힘을 주고 뒤로 넘어가듯 울기 시작할 겁니다. 신뢰가 쌓이지 않아서, 배우지 못해서 그런 겁니다. 아이 입장에선 당연한 저항입니다. 아이는 온 힘을 다해 카시트를 벗어나려 애를 씁니다. 이때, 물리적인 힘을 이용해 아이 몸이 바깥으로 빠져나가지 못하도록 도와줘야 합니다.

만일 과정을 제대로 거치지 않았다면 아이는 분노하거나 공격으로 느끼고 좌절을 느끼기 쉽습니다. 그러나 과정을 제대로 거쳤다면 아이는 조금 더 쉽게 받아들일 수 있습니다. 아이를 꽉 잡거나 공격이라 느낄 만한 요소를 전부 제하고 오로지 몸을 고정하는 데만 집중합니다.

아이를 카시트에 앉힌 뒤 불필요한 감정과 말없이 아이 눈을 지그시 바라보며 기다립니다. 아이는 지금 혼란스럽습니다. 이게 나를 향한 공격인지, 아니면 내가 적응해야 할 규칙인지 가늠하기 시작합니다.

이때 무서운 표정이나 "너가 이렇게 우니까 결국 아빠한테 혼나지! 응?" 같은 말은 아이 판단을 흐트러뜨릴 뿐입니다. 아이에게는 시간이 필요합니다. 충분히 시간을 활용해 아이가 스스로 조절할 때까지 충분히 기다려줍니다.

"어휴, 우리 아기. 난 못 보겠어."

이때 아내가 끼어들었습니다. 아이는 바로 아내를 바라보더니, 구원의 눈초리로 다시 목청껏 울기 시작합니다.

"여보, 잠깐만 나 믿고 나가 있어줘. 내가 해결할게."

아내를 차 밖으로 내보낸 뒤, 다시 아이가 받아들일 때까지 일련의 시간을 거칩니다. 평소 주양육자 간의 대화가 필요한 이유입니다.

아이가 받아들여야 할 것을 받아들이는 그 순간, 주양육자 간의 의견이 다르다는 것을 들키면 아이는 본능적으로 그 고리를 파고듭니다.

다시 주변 정리를 하고 5분가량의 시간이 흘렀습니다. 아이의 눈물이 서서히 잦아들기 시작합니다. 아이가 드디어 아빠의 입장이 변하지 않을 거라는 것과 이것이 자신을 향한 분노나 감정이 아니라는 것을 받아들이고 있는 겁니다.

이렇게 5분이 더 지나고 아이가 진정했을 때 저는 이렇게 물었습니다.

"이제 카시트 타고 갈 수 있겠니?"

"…네!"

20여 분 동안의 사투는 끝이 났고, 아이는 다시 천사 같은 얼굴로 돌아왔습니다.

이 경험을 계기로 아이는 훨씬 규칙을 잘 지키게 됐습니다. '아빠는 나를 함부로 대하지 않고 한 번 말하면 꼭 지킨다'는 신뢰가 형성된 겁니다.

훈육의 과정은 늘 신뢰를 바탕에 두어야 합니다. 행여나 당연히 해야 할 일을 했다가 자녀에게 미움 받을까봐 걱정하는 독자가 있다면, 오히려 그 반대라는 이야기를 드리고 싶습니다. 아이들 입장에서도 자신에게 선을 정확하게 알려주는 부모에게 안정감을 느낍니다.

❝ 성장하는 가정을 위한 한마디 ❞

아이에게 이렇게 말해주세요.

"속상하지? 네 마음은 알아. 그래도 카시트에 앉아야 해."

제 훈육법에
문제가 있는 것 같아요

훈육이 승부가 되면 아이보다 부모님이 잃을 것이 많습니다. 부모의 자존심을 건 승부에 아이가 져주고 굴복해주면 참 좋을 텐데, 승부욕이 강한 아이들은 승부를 피하지 않습니다.

부모님이 '한 번만 더 하면 너 가만 안 둘 거야' 하는 눈빛으로 아이를 누르려고 하면 아이는 '한 번 더 하면 어쩔 건데? 응?' 하는 태도로 돌변합니다. 그 순간, 가르칠 것은 바닥으로 사라지고 이기고 지고의 사소한 자존심 싸움만 남습니다. 이 세계에 들어가지 않기 위해 중요한 것이 바로 훈육의 절차입니다.

앞서 이야기한 카시트 사례에서도 그렇지만 절차를 지킨 훈육과 그렇지 않은 훈육에는 큰 차이가 있습니다. 지금부터는 화내지 않고도 훈육의 효과를 높이는 5단계 규칙을 알려드리겠습니다.

제1단계는 아이에게 하지 말아야 하는 이유를 딱 한 번 설명하는 것입니다. 아이가 가진 위험한 물건을 빼앗을 때, 아이의 스마트폰 사용을 제지하려고 할 때, 반드시 그 이유를 설명하는 시간이 필요합니다.

아이 입장에서 '엄마는 정확한 이유로 나를 통제해'라는 신뢰가 생겨야 합니다. 이유를 알 수 없는 통제는 부당함을 느끼게 합니다. 아이 입장에서 부모님이 아무 이유 없이 마구잡이로 통제한다는 느낌이 들면 훈육의 첫 단추를 잘못 끼운 겁니다.

물론 한 번 말해서는 아이가 듣지 않습니다. 결정적인 순간에 아이가 "철수네는 그런 규칙이 없는데 왜 우리 집만 있어?" 같은 말로 본질 흐리기 전략을 사용할 때 휘말리지 않는 지혜를 펼치는 것이 중요합니다. 이러한 아이의 요령에 "그럼 철수네 집에 가서 살까?" 같은 말을 해버리면 훈육은 힘을 잃습니다. 이럴 때 필요한 행동은 아이 말에 대꾸하지 않고 눈을 바라보며 '아까 한 번 설명한 것 말고 다른 설명은 해주지 않을 거야'라는 느낌을 주는 단호함입니다.

그래서 훈육 절차의 첫 번째는 안 되는 이유를 정확하게 설명하는 일입니다. 이 설명은 반복해서 할 필요가 없고, 한 번이면 충분합니다.

제2단계는 행동 예고를 하는 것입니다. 말로만 하는 훈육은 소용이 없습니다. 체벌을 하라는 뜻은 아닙니다. 예를 들어 뺀질거리며 약을 먹지 않는 아이에게 "약은 민준이가 아파서 먹는 거야. 이거 먹어야지 낫는 거야" 하고 알려주는 단계를 거쳤다면, 다음은 "민준이가 약을 안 먹으면 아빠가 붙잡고 먹일 수밖에 없어"라고 이뤄질 행동에 대한 예고가 있어야 합니다.

여기서 중요한 것은 불필요한 감정을 담지 않는 겁니다. 이를 악물고 "너 한번에 안 오면 아주 아빠 화낼 거야!"라고 말할 필요가 전혀 없습니다. 이런 불필요한 감정은 훈육을 승부로 만들고 아이가 부모를 존경하지 못하게 만드는 결정적 요인이 됩니다. 백 번 잘하는 것보다 한 번 감정 조절 못 하는 것을 더 주의해야 합니다.

아이가 위험한 물건을 갖고 있다면 "그건 위험하니까 아빠한테 줘야 해"라고 한 번만 이야기합니다. 그다음엔 강제로 빼앗겠다는 의미로 "민준이가 조절이 안 되면 아빠가 도와줄게"라고 이야기하세요. 아이가 약속을 어기고 게임을 계속한다면, "게임은 꼭 약속한 시간에만 해야 해. 약속한 시간이 지났으니까 이제 끄자"라고 말하는 것입니다. 그래도 아이가 계속한다면 "민준이가 조절하는 게 어려우면 아빠가 도와줄게"라고 합니다.

제3단계는 숫자로 예고하는 것입니다. 절차가 없는 훈육은 감정싸움으로 변질됩니다. 앞선 두 단계로 이제 모든 준비는 끝났습니다. 지금부터는 감정 없이 예고를 하고 이행만 하면 됩니다. 가장 좋은 예고는 숫자를 세는 겁니다.

"민준이, 조절이 어려우면 엄마가 도와줄게. 셋 셀 때까지 그만두지 않으면 엄마가 바로 도울 거야. 하—나! 두—울!"

여기서 중요한 것은 아이가 스스로 상황에 맞게 행동할 수 있도록 기회를 주는 겁니다. "엄마 지금 화났으니까 지금 당장 옷 입어!"와 "셋을 세고 나서는 엄마가 묻지 않고 강제로 입힐 테니까 네가 선택하면 좋겠어"에는 차이가 있습니다. 전자는 절차가 없고 후자는 절차가 있습니다. 아이의 자기결정권을 빼앗을 때는 절차가 중요합니다.

제4단계는 불필요한 감정을 빼고 말하는 것입니다. 숫자를 센다고 모든 아이들이 부모 말을 듣지는 않습니다. 아이가 만일 아랑곳하지 않고 게임을 한다거나 위험한 물건을 갖고 도망간다면, 셋을 세고 반드시 단호한 행동을 보여주는 단계를 감각으로 가르쳐야 합니다. 여기서 단호함이란, 아이에게 역정을 내는 것이 아닙니다. 그냥 감정 없이 그 행동을 이행하는 것을 의미합니다.

엄마가 셋을 센 이후에는 반드시 약속을 지킨다는 사실을 아이가 감각으로 느껴야지만 다음 숫자에 힘이 실립니다. 예고하고 행동하는 모든 절차에는 아이가 복수심을 느낄 감정의 여지가 없어야 합니다.

예고하고 행동하는 단계에서 이미 감정이 들어가 화를 내고 있다면 아이는 적절한 조치를 당했다고 느끼기보다 복수를 당했다고 느끼게 되고 아이로 하여금 불필요한 감정을 느끼게 합니다.

아이의 행동을 정확하게 제지하고 가르치는 정밀 타격이 이 훈육법의 핵심입니다. 아이가 예상할 수 있는 제지를 절차를 거쳐 포위망을 좁혀나가듯 해나가는 것, 결국 아이 스스로 좋은 선택을 하도록 유도하는 것, 최소한의 힘을 사용해 복수의 감정을 낳지 않고 행동을 제지하는 것. 이 세 가지만 기억하면 됩니다.

마지막 단계입니다. 제5단계는 아이가 울거나 저항할 때 침묵하고 눈을 바라보는 것입니다. 아무리 절차에 맞게 훈육을 해도 아이는 울 수 있습니다. 사람이 한번에 바뀌는 것은 불가능에 가깝습니다. 중요한 것은 눈물의 방향입니다.

만일 울어도 눈물 속에 복수심이 서리지 않는다면 시간이 갈수록 아이는 좋아질 겁니다.

절차 없이 아이를 과하게 훈육했을 때 나오는 가장 큰 부작용이 아이 마음속에 복수심 같은 불필요한 감정을 남깁니다. 엄마의 통제가 부당하다고 생각하거나 불필요한 감정이 낀 아이는 한시간이 넘게 울 수도 있습니다.

이럴 때는 타임아웃 훈육법도 소용이 없습니다. 아이 눈에 분노나 불안이 서렸다면 훈육을 해야 할 때가 아닙니다. 그럴 땐 아무리 단호하게 해도 효과가 없습니다.

아이가 반성할 수 있도록 공간을 격리시키는 타임아웃 훈육법을 시도해도 실패하는 이유는 아이 눈에 복수심이 끼었거나, 부당하다고 느끼고 있거나, 불안이 마음에 끼어 있거나, 피곤하거나 졸린 상황 등 생리적인 현상을 무시했을 때 생깁니다. 아이가 불안해할 때는 훈육을 멈추고 먼저 안정감을 줘야 합니다. 자다 경기하며 깬 아이를 붙들고 "울어봐야 소용없어!"라고 말하는 것은 잘못된 방향입니다.

그런데 일반적인 상황에서 당연한 약속을 절차에 맞게 훈육하는데도 아이가 저항하고 크게 울 수 있습니다. 아이에게 받아들일 시간이 필요하다는 뜻입니다.

이때는 아이 눈을 피하지 않고 바라보며 시간을 갖고 기다려줍니다. 아이가 다른 곳으로 떠나지 못하게 몸을 고정시킨 채로 그저 침묵하고 바라봅니다.

만일 아이를 외면하고 무시하는 태도로 다른 일을 하면 아이에게 승부의 빌미를 주게 됩니다. 아이도 이미 상황을 받아들여야 한다는 걸 알고 있습니다. 말대꾸에 대답을 해주다보면 다시 휘말리게 됩니다. 지그시 바라보다 아이가 마음을 가라앉힌 것 같을 때 이렇게 물어봐주세요.

"이제 다른 사람 물건 빼앗지 않을 수 있니?"

"이제 엄마 규칙에 따를 수 있겠니?"

여기서 아이가 한 번 더 못된 말을 하며 반항하면 다시 지그시 바라보며 침묵하기를 시도합니다.

이렇게 시간을 들여 엄마 말은 반드시 지켜진다는 학습을 하게

되면 다음 침묵 시간은 짧아지게 됩니다. 이것이 훈육의 선순환
고리입니다.

．．．

❝ 성장하는 가정을 위한 한마디 ❞

감정을 폭발시키는 아이에게 이렇게 말해주세요.

"속상했구나. 마음이 가라앉을 때까지 기다려줄게."

．．．

아이가 말꼬리를 잡고
싸움을 걸어요

"아니 당신은 왜 자꾸 아이랑 싸워?"

저와 상담하는 분들이 배우자에게 받는 흔한 평가 중 하나입니다. 아이와 싸우고 싶은 부모는 없지요.

아이의 잘못을 바로잡을 때 가장 많이 하는 실수는 아이에게 온갖 말을 퍼붓는 겁니다.

아이 잘못을 강력하게 인식시키고 문제를 한번에 바로잡기 위해 '아이의 잘못'과, '그 잘못으로 인해 생길 문제'와 '나의 감정'까지 넣어서 야단을 칠 때가 있었을 것입니다. 그 마음이 이해가 되기는 합니다. 하지만 비효율적입니다. 아이의 마음에 상처도 남고요.

그렇다면 얼마만큼 말해야 퍼붓는 것일까요? 예를 들어보겠습니다.

"너! 이게 뭐하는 짓이야! 지금 네 행동 때문에 엄마가 얼마나 힘든지 아니?"

"네가 이러니까 다른 친구들이 너랑 안 논다고 하는 거잖아! 자꾸 이렇게 하면 다른 친구들이 너를 좋아하겠어? 선생님은 좋아하겠어? 그러니까 왜 이런 행동을 하냐고!"

이렇게 말을 하면 아이는 잘못을 반성하기보다 '왜 여기서 내 친구 이야기까지 꺼내는 거지?'라고 생각합니다.

아이의 잘못이 1인데 엄마가 2로 갚으면 아이는 자신의 잘못에 대해서는 반성하지 못합니다. 엄마가 덧붙인 1에만 집중하며 엄마를 공격하기 시작하지요. 훈육하는 동안에 말을 아껴야 하는 이유입니다.

아이에게 엄마가 혼내는 이유를 납득시키려고 노력할수록 아이 마음과 표정은 안 좋아지기 시작합니다. 엄마가 속사포로 쏟아낸 문장 열 개 중 아홉 개는 맞고 하나는 틀렸다면, 아이는 하나만 붙들고 엄마와 대적합니다. 그럴 때는 침묵이 필요합니다.

아이에게 무엇이 안 되는 행동인지 정확하게 이야기했다면, 이제는 불필요한 말을 줄이고 아이 눈을 바라보며 침묵해야 합니다. 그리고 시간을 줘야 합니다. 아이의 분노가 꼬투리를 잡고 다시 피어나지 못하도록 어떤 영양분도 공급하지 말아야 합니다.

이것이 진정한 단호함이고 '불필요한 감정을 낳지 않는 훈육'의
핵심입니다.

₆₆ 성장하는 가정을 위한 한마디 ₉₉

아이가 감정을 스스로를 조절하지 못할 때
부모님은 스스로에게 이렇게 말해주세요.

"지금 내가 침묵해야 아이도 나도
불필요한 감정 없이 이 상황을 끝낼 수 있어."

2장

미숙함

"아이들이 겪는 문제 상당수는
시간이 해결해줍니다."

엄마
선생님, 우리 아이가 물건을 던집니다. 아마 남편이랑 얼마 전에 다툰 적이 있는데 그것 때문에 변한 것 같습니다. 어찌해야 할까요?

어머님, 아이가 몇 살이죠?

최쌤

엄마
세 살입니다.

세 살은 원래 모든 물건을 잘 던집니다. 이 문제는 어떤 원인이 아니라 그저 세 살이라 생긴 문제일 수 있습니다.

최쌤

엄마
제가 어떻게 해야 아이가 변할까요?

부모님이 해결할 문제가 아닙니다. 시간이 필요한 문제입니다. 아이가 어려서 생기는 문제에 너무 분석적으로 접근하는 것만큼 소모적인 일이 없습니다. 지금 육아에 소나기가 오는 거예요. 잠시 기다려주세요.

최쌤

아침마다 아이 때문에
미치겠어요

어머님들과 상담하다보면 매일 아침 맞이하는 소소한 생활이 중요하다는 걸 상기하게 됩니다. 그만큼 어머님들을 힘들게 하는 직접적인 요인도 거창한 사건이 아닌, 일상이라는 것을 느낍니다. 지금 당장 등원, 등교해야 하는 아이가 옷을 입지 않고 온갖 짜증을 부린다고 가정해보겠습니다. 엄마는 초조해집니다. 이런 상황에서 정말로 필요한 말은 무엇일까요? 저는 아이를 설득하는 말보다 "아이를 1분이라도 빨리 나서게 하지 못하는 건 어머님 잘못이 아닙니다"라는 말이 필요하다고 생각합니다.

아이가 매번 같은 구간에서 똑같은 문제를 잔뜩 쏟아낼 때 같이 화를 내며 스스로를 컨트롤하지 못하는 양육자에게 가장 좋은 해법과 처방은 아이는 이럴 수 있다는 것을 인정하는 겁니다.

실제로 아이에게 보이는 상당수의 문제는 누군가로 인해 생긴 것이 아닙니다. 10년간 현장에서 3천 명이 넘는 아이들을 지켜봐 오면서 아이가 어려서 생기는 자연스러운 문제를 분석했습니다. 그리고 양육자와 교육자가 너무 많은 시간을 쏟지 않아야 한다는 중요한 기준을 세울 수 있었습니다. 육아 문제는 때때로 시간이 필요합니다. 인간은 지구상에서 가장 지능이 높고 능력 있는 생명체이지만, 두 발로 걷는 데까지 만 1년이 걸리는 특이한 종이기도 합니다.

아이가 친구와 헤어지기 싫어서, 먹기 싫은 음식을 거부하려고, 친구에게 잘난 척을 하려고, 화가 나서 등의 상황에서 보이는 문제들은 부모님 때문이 아닙니다. 아이가 어려서 생기는 문제들일 뿐입니다.

"세 살인 우리 아이는 왜 물건을 던질까요? 심리에 문제가 있나요? 혹시 남편 때문일까요? 왜 주변 아이들을 깨물까요? 제가 어제 아이에게 소리를 질러서일까요? 네 살인데 입만 열면 '싫어!'라고 해요. 이건 어떤 심리적 문제가 있는 걸까요?"

이런 고민을 한 번이라도 누군가에게 털어놓은 적이 있다면, 제가 오늘 고민의 늪에서 해방시켜드리겠습니다. 그건 아이가 네 살이라 그런 겁니다. 아이에 대한 과한 환상을 갖지 마세요. 그냥 그 아이는 아직 스스로가 조절되지 않는 어린아이일 뿐입니다.

떼쓰는 아이를 가만둬야 한다는 뜻은 아닙니다. 물건을 던지는 아이에게는 부드럽고 단호한 훈육과 함께 던지면 안 되는 물건을 정리하는 일부터 시작하면 됩니다.

다른 아이를 물거나 때리면 잠시 어린이집을 쉬거나 친구를 만나는 흥분 횟수를 줄이면 됩니다. 비슷한 고민을 하는 모든 분들에게는 오히려 이 말이 필요합니다.

'내가 요즘 너무 지쳤구나.'

제일 바쁜 아침에 협조하지 않는 아이를 보며 가슴을 치지 마세요. 그냥 넘어가세요. 지금 당신이 대하고 있는 아이는 스스로 통제가 어려운 존재일 뿐입니다. 그 아이를 단박에 고쳐보겠다는 허황된 바람도 갖지 마세요. 지금 우리에게 필요한 것은 잠깐의 여유입니다.

··

66 성장하는 가정을 위한 한마디 **99**

자신에게 말해주세요.

"나 요즘 너무 지쳤구나."

··

아들이 5분만
가만히 있으면 좋겠어요

"선생님, 제 아이가 정상인가요? 다른 아이들도 다 그런지 궁금하네요."

한번은 강연이 끝난 후 질문을 받는 시간에 어느 어머님이 잠시도 가만히 있지 못하는 아들에 대한 고민을 이야기했습니다. 얼마 전 다섯 살 된 아들을 결혼식장에 데리고 갔는데 1분도 가만히 있지 못하더라는 것입니다. 바닥에 눕고 뛰고 돌아다니는 바람에 축하 자리에서 허둥지둥하느라 힘들었다고 하셨습니다.

저는 먼저 다른 분들께 질문했습니다.

"혹시 이 중에서 우리 아들은 결혼식장에서도 가만히 있을 수 있다고 할 분, 계신가요?"

모두가 웃으며 고개를 저었습니다.

"어머님, 다섯 살 아들을 아기 호랑이라고 생각해보세요. '초원에서 뛰어놀아야 할 호랑이가 인간 세계에서 사느라 고생이 많겠구나' 하고 봐주셔야 해요. 게다가 결혼식장은 어른들 놀이터잖아요? 어떤 아이도 재미없는 결혼식장에 오면 힘들어하는 게 정상입니다."

그러자 사연을 말씀하셨던 어머니는 "결혼식장이 아니라 집에서도 그래요"라고 했습니다. 아들에게 어떤 문제가 있는 것은 아닌지 걱정하는 말투였습니다.

"네. 아마 그랬을 거예요. 그런데 아들은 원래 그래요. 이건 아이를 가르치기에 앞서 교육자가 이해해야 할 부분이에요. 선천적으로 넓은 공간에서 뛰어놀기에 적합하게 설계된 아기 호랑이를 집 안에서 키우니 힘든 거라고 생각해주세요. 마음이 조금 편해지실 겁니다."

성장하는 아들의 성향을 어른의 규칙에 맞추어 문제라고 생각하면 자꾸 화가 납니다. 그럴 땐 이건 나와 다른 특성이라고 생각해주어야 육아의 방향이 잡혀나갈 수 있습니다.

아무리 힘들어도 하루 한 번 밖으로 나가서 산책하거나 뛰어놀며 아들이 가진 에너지를 풀어주려는 노력을 해야 합니다. 가능하면 지나치게 통제가 안 되는 시기에는 바깥 약속을 잡지 않는 지혜도 필요합니다.

결국 나의 감정은 아이에게 걸었던 기대가 무엇이었는지에 따라 결정됩니다. 바깥 약속이 생겼을 때에는 아들이 가만히 앉아 있을 거라는 기대는 애초에 접어주세요. 약속 장소에서는 최대한 바깥 자리에 앉아서 왔다 갔다 하는 노력이 필요합니다.

아이를 어른에게 맞춰나가려는 노력만 하면 자꾸 화가 날 겁니다. 아이는 성장하는 중입니다. 그건 아이가 잘못된 것이 아닙니다.

....

66 성장하는 가정을 위한 한마디 99

뛰어노는 아이 때문에 주양육자가 힘들 때, 가족은 이렇게 생각해주세요.

"지금 이 아이는 아기 호랑이랑 활동량이 같아.
양육자는 당연히 힘드니, 모두가 함께 키워야 해."

....

아이가 다른 친구를
자꾸 깨물어요

"세 살 아들이 다른 아이를 자꾸 깨물어요. 할아버지 할머니가 아이한테 깨무는 시늉을 했는데 그것 때문일까요? 다들 제가 잘 못 키운 거라고 하니 어렵고 힘들어요."

아무리 아이를 바르게 키우려고 노력해도 타고난 본능 때문에 친구를 깨무는 시기가 옵니다. 특히 남자아이들에게서 많이 보이는 문제입니다.

이 문제는 반드시 시간이 필요합니다.

아이가 깨무는 행동을 할 때 너무 강한 반응을 보이는 것은 좋지 않습니다. 아이가 원하는 것이 관심일 때는 과한 반응을 보여주면 보상처럼 느껴지기도 합니다. 따라서 냉정하면서도 부드러운 말과 행동으로 아이를 제지하는 일이 중요합니다.

이런 일이 있을 때마다 단 한 번도 **빼놓지** 않고 반복적으로 제지하는 것이 핵심입니다. 아이가 깨무는 행동을 집에서 덜 보인다고 해서 완전히 아이의 행동이 바뀌었다고 생각하기는 어렵습니다.

아이가 장소와 사람에 따라 모습을 바꾸는 것처럼 깨무는 행동에도 같은 맥락이 적용됩니다. 집에서라면 가족끼리의 일이니 금방 말릴 수도 제지할 수도 있을 것입니다.

하지만 어린이집에서는 이야기가 달라지지요. 깨물림을 당한 아이가 병원에 가야 할 수도 있고, 그로 인해 어린이집과 다른 아이의 부모님에게 한없이 미안한 마음이 들기도 할 것입니다. 그렇다고 우리 아이에게 냉정한 비판의 시선을 갖자니 그건 너무 가혹한 것 같아 갈등이 됩니다. 그러니 어린이집 혹은 밖에서 아이의 깨무는 습관이 반복된다면 아이에게 주변 정리가 필요한 시간이 찾아왔다고 생각해주세요.

다른 아이를 공격하거나 깨무는 일은 피해자가 된 아이나 가해자로 놓인 아이 모두에게 큰 사건입니다. 이런 일을 겪었던 가정에 도움이 되는 몇 가지 이야기를 해드리려 합니다.

첫째, 적극적으로 사과하고 대처해야 합니다. 이는 아이 문제가 어른 문제로 번지지 않게 예방하는 가장 좋은 방법입니다.

피해 아이를 둔 부모님 대부분은 가해자 아이가 아닌, 그 부모가 적극적인 대처를 하지 않았을 때 화를 냅니다. 아이들이 성장하면서 겪게 되는 크고 작은 사고들이 어른끼리의 갈등에서 더 나아가 어린이집을 사이에 둔 법적인 다툼 등으로 일이 커지기도 합니다. 자세히 들여다보면 충분히 사과하지 못했던 경우가 많습니다.

내 아이가 상처를 입었다면 어떻게 할지 입장을 바꾸어 생각해보면 어떨까요. 적극적인 사과의 기준을 정하는 데 도움이 되기를 바랍니다.

둘째, 사고가 많았던 곳에서의 활동을 잠시 멈춥니다. 어린이집, 유치원 등 아이가 쉽게 흥분하게 되는 공간에서 아이가 차분하기를 바라는 것은 현명하지 못합니다. 또래를 만나면 흥분하는 아이들도 부모와 둘이 있는 안정된 공간에서는 물거나 흥분하지 않을 때가 많습니다.

아이가 조절하지 못하고 다른 친구를 자꾸 깨물려고 할 때는 가능하다면 잠시 어린이집이나 유치원 등 외부 활동을 끊고 1~2주 정도 정돈된 환경에 머물다 오는 것이 좋은 방법일 수 있습니다.

이려서 생기는 문제 대부분은 시간을 깉고 아이가 싱장하길 기다리면 나아집니다. 미숙함의 문제는 반드시 시간이 필요합니다.

당장 뜯어고치는 방법을 찾기보다 아이가 잠시 자신을 조절할 수 있도록 정돈된 환경을 제공하고 기다리면서 버티는 것이 방법일 수 있다는 것을 기억해주세요.

어려서 생기는 육아 문제는 소나기처럼 지나갑니다. 소나기가 내리면 잠시 처마 밑에서 쉬어가면 됩니다. 여러분의 육아와 아이의 성향을 부정적으로 의심하지 않기를 바랍니다.

66 성장하는 가정을 위한 한마디 99

다친 아이와 그 부모님에게 꼭 이렇게 이야기해주세요.

"정말 죄송합니다.
특히 더 주의를 주는 시기인데, 앞으로 좀 더 신경 쓰겠습니다.
아이 치료는 저희가 끝까지 책임지겠습니다.
귀한 아이인데, 속상한 일을 만들게 되어 미안합니다."

아이의 문제 행동을
당장 뜯어고치고 싶어요

아이에게 어떤 문제가 있다고 느끼는 일 대부분은 시간이 해결해줍니다. 지금 당장 무엇인가를 하지 않으면 큰일이 날 것처럼 비춰지기도 하지만 시간으로 해결되는 일이 많습니다. 아이가 다른 아이를 무는 일이 영원할 거라는 착각, 단순히 언어 발달이 또래보다 느린 것일 뿐인데 드는 온갖 걱정 등은 우리 마음을 척박하게 만들고 불필요한 감정으로 아이를 대하게 만듭니다. 이럴 때 필요한 말이 있습니다.

"버텨야 해결되는 일이 있습니다."

지금 당장 해결해야 하는 문제와 적정한 교육을 하며 시간을 잘 흘려보내야 하는 문제에는 차이가 있습니다. 타인을 공격하는 행위는 지금 당장 제지해야 하는 문제입니다. 그러나 평소에도 타인을 공격하지 않는 아이로 변하는 데는 시간이 필요합니다. 두 가지를 구분하지 못하면 우리는 쓸데없는 감정의 늪에 빠지게 됩니다.

제가 가르쳤던 한 아이의 아버지는 아이에게 세상의 냉혹함을 빨리 알려주고 이기심을 눌러주려고 했습니다. 그 아이 어머니는 여섯 살 난 아들을 끝까지 이겨가며 울리는 일이 부쩍 많다며 지금 상황에서 아이에게 가장 좋은 교육이 무엇인지를 걱정했습니다.

아이를 옆에서 바라본 입장에서 말씀드리자면, 그냥 아빠가 미운 사람이 되고 끝나는 경우가 많습니다. 아빠가 큰 잘못을 했기 때문이 아닙니다. 그저 아이가 여섯 살이기 때문입니다. 대부분의 여섯 살은 그렇게 가르쳐도 자신을 객관적으로 바라보고 배우기 힘든 나이입니다.

여섯 살 아이들이 모여 있는 반에 가서 "너희들 가장 빠르게 달리는 친구가 누구지?" 하고 물으면 다들 "저요! 저요!" 하고 발랄하게 외칩니다. 그런데 초등학교 2학년 정도 된 아이들 반에 가서 같은 질문을 하면 슬그머니 "쟤요"라고 말합니다. 여섯 살과 초등학교 2학년은 나이 차이가 큰 것처럼 느껴지지 않는데도, 이만큼의 변화가 있습니다.

그러니 부모님이 아이에게 세상을 가르치겠다며 목숨 걸고 승부하듯 많은 시간과 에너지를 쓰는 일은 효율적이지 못한 행동일 수 있습니다.

지금 당장 뜯어고치고 싶은 아이의 모습이 보일 때, 스스로에게 한 번만 다시 물어보세요. 이건 당장 해야 할 일인지, 시간을 필요한 일인지를요.

아이를 바르게 잘 키우고 가르친다는 것은 교육에 힘을 줘야 할 때와 빼야 할 때를 잘 아는 것입니다. 아이의 지금 모습을 감싸주는 데 기본이 되는 질문을 마음에 되새겨주세요.

66 성장하는 가정을 위한 한마디 99

스스로에게 이렇게 질문해주세요.

"지금 꼭 뜯어고쳐야 할까?"

잘못된 정보를 우기는 아이, 어떻게 해야 할까요

자라다 카페에 이런 사연이 올라왔습니다.

"다섯 살 아이 엄마입니다. 오늘 엉뚱한 일로 아이와 마찰을 겪었습니다. 아이가 SRT보다 KTX가 더 빠르다고 하는 것입니다. 아이가 잘못 알고 있는 부분을 바로잡아주려는 생각에 'KTX도 빠른데 SRT가 더 빨라'라고 했더니 사달이 났습니다."

아이는 엄마가 보여주는 자료를 보면서도 받아들이지 않고 울면서 KTX가 더 빠르다고 고집을 부렸다고 합니다. 사연을 올린 어머니 역시 지지 않고 한 번 더 SRT가 빠르다고 강조했고, 인터넷을 검색해 이런 설명을 덧붙였다고 합니다.

"봐. SRT가 KTX보다 나중에 만들어졌고, KTX보다 설계 최고

속도가 시속 30킬로미터 더 빨라."

그러자 아들은 귀를 막으며 "안 들려!"라고 방어하듯이 대화를 차단했고, 아이 어머니는 이에 굴하지 않고 스마트폰을 꺼내 검색창에 KTX와 SRT의 속도 비교표를 보여주었다는 것입니다.

"봐, KTX는 300킬로미터 속도로 달리는데 SRT는 330킬로미터래. 여기 330이라고 쓰여 있잖아. 보여?"

엄마가 검색한 결과를 아이에게 들이밀었을 때, 아이는 어떻게 반응했을까요? 아이의 반응은 "안 보여!"였습니다.

아이의 엄마는 아이가 잘못된 지식을 평생 안고 갈 것이 걱정되어서 더 열심히 검색 결과를 보여주려다가, 아이의 차단에 더는 진행을 하지 못하게 되었다고 했습니다. 대신 이런 말을 건넸습니다.

"그래? 그럼 엄마는 민준이가 눈으로 뭔가를 볼 수 있을 때 얘기해야겠네. 안 보이고 안 들리니까 대화를 못할 것 같아."

아이의 어머니는 빨래를 갠 다음 동생을 재우려고 방에 들어갔다고 합니다. 그때 민준이가 엉엉 울면서 방에 들어와서는 이렇게 말했다고 합니다.

"엄마가 나를 속상하게 했어."

아이의 어머니는 조금 당황스러웠지만, 아까 그 논쟁에서 졌기 때문에 속상했을 것이라고 생각하고 이유를 물었다고 합니다.

"엄마가 나를 슬프게 했기 때문이야."

"뭐가 슬펐어? 엄마가 무슨 이야기를 해서 슬펐어? SRT가 빠르다고 한 거?"

"엄마가 거짓말을 해서 슬펐어."

아이가 왜 이렇게 고집을 부리는 걸까요? 아마 아이는 공격을 받았다고 느꼈을 겁니다. 아이는 "네가 알고 있는 것은 잘못된 정보야" 하고 자신을 꺾으려고 했던 과정에 꽂힌 겁니다. 엄마는 잘못된 정보를 바로잡아주고 싶을 뿐인데, 아이는 누가 맞고 틀렸고가 아니라 엄마가 나를 지지해주는지, 내가 잘못되었다고 지적하는지 두 가지 논리로 판단하고 있는 겁니다.

이럴 땐 굳이 그렇게까지 알려주지 않아도 됩니다. 물론 그렇게 계속 잘못된 사실을 알고 있을 때마다 의견을 꺾듯이 가르친다고 해도 아이는 잘 자랄 것입니다. 우리가 다섯 살 아들에게 배수진을 치고 가르쳐야 할 것들은 그것 말고도 많습니다. 5세 인생에서 KTX 속도 정도는 잘못 알고 있어도 전혀 문제되지 않습니다. 아이에게 좌절감을 주면서까지 가르칠 필요가 있는지는 다시 생각해봐야 할 것입니다.

앞서 저는 아이에게 가르칠 것이 있으면 정확하게 가르쳐야 한다고 강조했습니다. 그러나 이번 이야기에서는 작은 것에 목숨 걸면 진짜 중요한 것을 가르칠 수 없다는 말씀을 드리고 싶습니다. 아이에게 중요한 것을 가르치기 위해선 엄마가 여유로워야 합니다.

만일 아이가 잘못된 정보를 가지고 허세를 부리거나 우기기 시작했을 때, 그저 "엄마가, 아빠가, 선생님이 알기로는 좀 다른데?"라고 가볍게 진짜 사실을 한 번만 알려주고 넘어가는 여유를 가져보면 어떨까요?

교육자에게는 유연함이 필요합니다. 육아 문제 대부분은 너무 작은 일까지 세세히 교정하려다 생깁니다. 이 작은 진실을 기억할 필요가 있습니다.

66 성장하는 가정을 위한 한마디 99

아이와 사실 문제를 두고 다툼이 생길 때 이렇게 생각해주세요.

"내가 너무 작은 것에 집착하고 있는 것은 아닐까?"

제가 책을 읽으면
아이도 책을 읽을까요

엄마가 책을 보면 아이도 책을 본다는 말을 들어본 적이 있을 것입니다. 그 말이 어머님들에게 열정을 불어넣는 듯합니다.

"제가 먼저 아이 앞에서 책을 읽기 시작하면 아이도 책에 관심을 가질까요?"

이런 상담은 거의 매일 접하는 것 같습니다. 양육자가 책을 읽는 건 언제나 좋습니다. 그런데 한 가지 꼭 알아야 할 사실이 있습니다. 양육자가 책을 읽는다고 해서 반드시 아이가 그 행동을 따라하거나 책에 흥미를 붙일 확률이 높은 건 아니라는 사실입니다. 실제 입양아 연구를 살펴보면, 양육자가 독서하는 습관을 가진 것과 아이의 독서 습관에는 관계가 없었습니다.

육아를 하다보면 어린아이일수록 양육자의 행동과 말투를 따라 하는 것을 보게 됩니다. 그래서 독서하는 모습을 그대로 따라 하지는 않을 것이라는 답변에 실망을 하는 분도 있습니다.

그 답변의 이유는 이렇습니다. 말투와 언어를 따라 하는 것은 모방이지, 아이의 성향이 바뀌는 과정은 아니기 때문입니다. 그러므로 양육자가 편안한 마음으로 목적 없이 책을 읽는 것은 언제나 추천합니다. 양육자분을 위해서 추천하는 것입니다. 이 모습을 자꾸 보여줘서 아이를 바꾸겠다는 계획을 가졌다면, 그것은 정말 효과적인 방법이 아니라는 말을 거듭 강조해 전합니다.

양육자의 또 다른 고민은 자녀의 스마트폰 사용입니다.

"아이에게 스마트폰 사용을 줄이라는 말 대신에 제가 먼저 스마트폰을 덜 쓰면 아이가 변하겠지요?"

"좋은 생각입니다. 응원드려요!"

저는 이 정도로만 대답해드립니다. 받은 질문에 비해 반응이 명쾌하지는 않습니다. 왜냐하면 그런 기대를 심어주면 양육자가 실망할 가능성이 크기 때문입니다. 양육자가 스마트폰 사용 시간을 줄이는 것은 매우 좋은 일입니다. 아이에게 한 번이라도 더 신경을 쓸 확률이 높아지니까요. 하지만 아이가 스마트폰을 내려놓는 것은 전혀 다른 문제입니다. 그런 기대로 노력한다면 화만 날 겁니다. 제 설명을 듣고 "그럼 스마트폰 사용 시간을 줄이는 보람이 없잖아요"라고 되묻는 양육자도 있습니다. 그럼 저는 이렇게 대답해드립니다.

"아닙니다. 양육자분이 먼저 스마트폰 사용 시간을 줄이면, 아이에게 스마트폰을 줄여야 한다는 말을 꺼낼 타당성과 자격이 생깁니다. 자신은 그렇게 하지 못하면서 아이에게만 스마트폰 사용 자제를 강요하면 양육자로서의 권위가 생기지 않습니다. 매우 중요한 부분입니다."

우리가 본을 보이는 것은 아이의 생활 습관을 형성하는 데 중요한 요소입니다. 하지만 그렇다고 해서 아이가 그대로 따라할 것이라고 기대한다면 그런 기대는 내려놓아야 합니다. 지금까지 발표된 부모와 아이간의 학력 관계에 관한 연구들을 보면, 아이의 학력과 부모의 학력에는 강한 연관이 있다고 알려져 있습니다. 그러나 그게 유전자의 영향인지 환경의 영향인지는 알려진 바가 없습니다. 우리는 양육자가 어떤 행동을 하느냐에 따라 아이들이 바뀔 것이라고 희망할 뿐입니다.

그런데 이 믿음은 우리에게 희망을 주는 동시에 우리를 꽤 힘들게 합니다. 아이가 책을 읽지 않는다면 그것은 양육자가 책 읽는 모습을 보이지 않아서라고 단언하게 되기 때문입니다. 하지만 심리학자 주디스 리치 해리스의 입양아 연구에 의하면 책을 많이 읽는 집안에 책을 읽지 않았던 생부의 자녀가 입양된다고 해도 그 아이가 책을 읽지 않을 확률은 높다고 합니다. 한마디로 학력이 높은 집안의 아이들이 높은 학력을 가질 가능성에는 유전적인 영향이 훨씬 컸던 것입니다.

우리가 책을 읽는 모습이 아이에게 아무런 영향을 끼치지 못하는 것은 아닙니다. 그러나 내가 보여주는 모습대로 아이가 성장할 것이라는 믿음은 위험하다는 것을 꼭 기억해두길 바랍니다.

❝ 성장하는 가정을 위한 한마디 ❞

아이가 따라하도록 무언가를 하고 있다면
자신에게 이렇게 말해주세요.

"아이는 키우는 대로 자라지 않는다."

아이를 보며
자꾸 자책하게 돼요

"선생님, 제가 소극적이라 아이도 자꾸 소극적으로 변하는 것 같아요. 어떻게 하면 아이가 적극적으로 변할까요?"

종종 상담을 하다보면, 제가 "어머님, 우리 민준이가요"라는 말만 해도 눈물을 흘리는 분들이 있습니다. 자책함으로써 자신을 학대하는 분들입니다.

엄마의 자존감이 낮아졌을 때 나오는 대표적 행동이기도 합니다. '나는 혼나야 해. 부모 자격이 없어. 이 아이가 내가 아닌 다른 부모를 만났으면 훨씬 낫지 않았을까?' 하는 생각을 해봤다면 이 글을 꼭 읽기를 바랍니다. 엄마의 낮아진 자존감이 아이에게는 힘든 환경일 수 있기 때문입니다.

현장에서 엄마들의 질문을 받다보면, 이미 모든 문제의 원인을 엄마의 잘못으로 돌리고 찾아오는 경우를 많이 맞이합니다. 아이가 친구와 잘 지내지 못할 때, 밖에서 어른들에게 낯을 가릴 때, 손 들고 제대로 발표하지 못할 때, '혹시 내가 아이와 집에만 있어서 아이가 이렇게 소극적으로 변했나?' '혹시 내가 너무 많이 화를 내서 아이가 눌린 건가?' 하며 본능적으로 자신에게서 이유를 찾습니다. 그 문제가 나에게 있다면 나를, 배우자에게 있다고 생각되면 배우자를 질책합니다.

그러나 실제 연구 결과를 보면 타고난 기질은 부모의 양육 태도로 쉽게 휙휙 변하지 않습니다.

우리가 체감하기론 아이가 작은 행동, 말투마저 우리를 따라하기 때문에 부모가 어마어마한 영향을 주는 것 같습니다만, 주디스 리치 해리스는 타고난 성향이 아이 삶에 큰 비중을 차지한다고, 자신의 저서와 연구를 통해 발표했습니다. 부모의 양육 태도가 아이의 기질을 만들지는 못한다는 것입니다.

물론 부모의 영향력을 부정하면 안 됩니다. 그러나 중심을 찾기 위해서라도 내가 저지른 한 번의 실수로 아이가 망가지지는 않는다는 생각을 가질 필요가 있습니다.

실제로도 지금껏 우리가 해왔던 생각만큼 막강한 영향력이 아닐 수 있습니다. 아이는 주무르는 대로 만들어지는 존재가 아니기 때문입니다.

이 사실을 인정하지 못한 채 아이의 모든 문제를 부모의 탓으로 돌리는 양육자의 다음 단계는 아이를 주물러 만들려는 모습으로 나올 수 있으므로 위험합니다.

아이는 부모보다 또래 친구들에게 더 많은 영향을 받기도 하고, 어떤 때는 부모가 권유했기 때문에 그것을 더 거부하기도 하는 존재입니다.

가정환경이 같아도 아이들은 제각기 다르게 자랍니다. 아이는 부모가 키우는 대로 자라지 않는다는 사실을 인정하면 여유가 찾아옵니다. 아이에게 소리치는 행동이 좋지만은 않겠지만, 그로 인해 아이 인격이 한번에 망가지지도 않을 거란 믿음. 그것이 아이를 대하는 우리의 마음을 한결 편안하게 만듭니다.

육아에는 엄마가 노력해서 바꿀 수 있는 영역과 노력해도 안 되는 영역이 있습니다. 예를 들어, 아이가 친구들과 어울리지 못하는 모습을 보고 엄마가 자책하는 것은 좋은 접근이 아닙니다. 이를 자책하기 시작하면 다음 단계는 친구들과 노는 방법까지 가르쳐야 한다는 책임감을 느끼게 됩니다. '엄마가 소극적이니까 아이도 저렇게 자라는 거야' 같은 말은 사실이 아닙니다.

엄마가 아이에게 주는 상처 대부분은 엄마가 아이 성향을 억지로 만들려다 생긴다 해도 과언이 아닙니다. 밖에서 소극적인 아이 모습을 보고 주변 사람들이 하는 말에는 휘말릴 필요가 없습니다.

아이의 내향성과 낮은 자존감은 완전히 다른 영역입니다. 현장에서 오랜 기간 관찰해온 바로는 엄마의 양육법과 실제 아이의 모습에는 차이가 있습니다. 소극적 기질을 가진 어머님이 아이를 키운다 해도 아이 기질이 외향적이고 표현하길 좋아한다면 친구 관계에서는 그 기질이 드러납니다.

* * *

❝ 성장하는 가정을 위한 한마디 ❞

양육자의 마음이 약해졌을 때는 이런 주문을 외워주세요.

"아이랑 내가 다를 수도 있지!"

* * *

저의 우울증이
아이를 망칠까봐 두려워요

"선생님, 제가 우울증을 앓고 있어요…. 제 우울함이 아이를 자꾸 망치는 것 같아서 괴롭습니다. 그런 두려움이 있음에도 불구하고 때때로 감정을 조절하지 못하고 무기력해지는 제 모습이 미워요. 제가 너무 이기적으로 아이를 대하는 것 같아요. 저 때문에 아이가 힘들어하고 있는 건 아닐까 하는 걱정이 걱정을 만들어요."

한번은 강연장에서 만난 어머님이 본인의 우울함과 감성적인 성향이 아이에게 안 좋은 영향을 끼치는 것 같다며 질문 중에 눈물을 흘렸습니다. 이런 우울증 사연을 가진 어머님들은 의외로 많습니다. 아이 어머니의 이야기를 차분히 들어보면 이 우울함이 아이를 망치고 있다는 생각에 더 우울해진다는 말을 공통적으로 합니다. 그분의 질문에서 핵심은, 엄마를 닮아 감성적이고 눈물이 많은 아이를 강하게 키울 방법이었습니다. 만일 글을 읽는 독자 중에 이런 비슷한 상황에 놓인 분이 있다면, 이 두 가지를 명심하기 바랍니다.

첫 번째, 이 걱정을 해결하려면 먼저 아이와 양육자를 분리해야 합니다. 양육자와 아이는 다른 존재, 다른 사람입니다. 양육자가 우울증을 앓는다고 해서 아이도 우울증을 얻게 되는 것은 아닙니다.

우울한 엄마 앞에서는 아이가 잠시 우울한 모습을 보일 수 있지만, 유치원이나 다른 공간에서 우울감을 보이지는 않습니다. 엄마와 있을 때와 엄마가 없을 때 아이 모습은 180도 다릅니다.

'나의 감정이 아이를 망가뜨리고 있고, 그래서 나는 변해야 하고, 그런데 나는 변하질 못했고, 그래서 또 아이는 망가질 것이고….'

이 상상에서 벗어나는 가장 좋은 방법은, 부모가 아이를 변화시킬 수 없다는 전문가들의 말을 믿는 것입니다.

"내 우울함은 나의 문제고, 너의 우울함은 너의 문제야"라고 선언할 용기를 가져보세요. 사람은 유약해서 자신이 처한 문제를 자신의 문제로 돌리지 않기 위해 손쉽게 탓할 사람을 찾게 됩니다. 그러므로 아이의 문제를 엄마의 우울함으로 돌리지 않도록 구분해줘야 합니다. 엄마가 잔뜩 미안한 얼굴로 아이를 바라보고 있으면, 아이는 자신도 모르게 문제 원인을 엄마에게 돌리게 됩니다. 탓하게 되는 것이 문제가 아니라 자신의 상황을 직면하고 용기 내어 개척하지 못하게 된다는 점이 문제입니다.

두 번째, 아이가 자신을 사랑하도록 도와주세요. 우울증을 앓는 분의 가정에 정말 중요한 이야기입니다. 아이를 강하게 키우고 싶다고 아이에게 약한 모습을 버리라고, 강해지라고 꾸준히 강요하면 아이는 자신의 현재 모습이 잘못됐다고 오해합니다. 양육자가 아이의 행동을 가르칠수록 아이는 자신감을 잃고 수렁에 빠지듯 우울에 빠집니다. 이럴 땐 반대로 아이를 바꾸지 않고 아이가 가진 것을 사랑하도록 도와주세요. 벗어나려 애를 쓸 땐 벗어나지지 않던 것들이, 받아들이고 사랑하고 여유를 가지면 나아집니다.

누군가의 감성적인 성향은 장점도 단점도 아닙니다. 그저 성향일 뿐입니다. 다만 교육자가 어떤 프레임을 씌우느냐에 따라 달라집니다. 종종 감성적인 성향이 소심하고 유약한 콤플렉스로 바뀌어 아이 가슴에 박히기도 하고, 이와 반대로 섬세함, 세심함, 좋은 공감 능력 등으로 바뀌어 평생 아이를 보좌하는 자부심이 되기도 합니다.

아이를 바꾸는 것은 언제나 어렵습니다. 우리가 할 수 있는 유일한 일은 아이가 가진 것을 제대로 보고, 아이가 자신을 사랑하도록 돕는 것뿐입니다. 겁먹지 마세요. 당장은 힘이 들겠지만, 양육자 스스로가 자신을 믿고 아이에게 최선의 사랑을 주세요. 아이는 강합니다. 그리고 나에 대한 자책을 멈춰주세요. 자책을 멈춰야 비로소 앞으로 나아갈 수 있습니다.

66 성장하는 가정을 위한 한마디 99

자신의 우울증 때문에 고민이 많은 부모님이라면,
스스로에게 이렇게 말해주세요.

"내 사랑스런 아이는 나의 우울증보다 강하다.
나는 항상 아이를 사랑한다."

새로운 곳을
너무 두려워해요

민준이는 낯선 장소를 불편해하는 예민함을 가졌습니다. 민준이 부모님은 아이의 예민함을 수용하며 생활하려고 노력합니다. 민준이에게 보여주고 싶은 세상과 풍경이 많은 부모님은 아이의 예민함이 두렵습니다. 낯선 곳에 갈 때마다 공포에 질린 듯이 크게 울기 때문입니다. 이 두려움을 겉으로 표출하게 되는 민준이의 마음을 짐작해보면 가족이 느끼는 걱정은 아무것도 아닐 수 있습니다.

"타고난 성격은 못 바꿔요."

이런 말을 많이 들어온 민준이 부모님은 아이가 더 성장해나가면서 기질 때문에 위축될까봐 걱정이 많습니다.

기질을 완전히 바꿀 수는 없지만 발전시키는 방법은 여러 가지가 있습니다. 지금부터 그 방법을 공유하려 합니다.

'체계적 둔감법'이라는 것이 있습니다. 약한 자극에서부터 강렬한 자극까지 단계적으로 천천히 수위를 조절해 공포심을 없애는, 행동 수정과 관련한 심리학 용어입니다.

예민한 친구들은 새로운 공간에 들어가는 것 자체에 완강한 거부감을 갖고 있습니다. 공룡 테마파크에 처음 갔을 때, 노래하는 분수대를 처음 봤을 때, 동물원에 처음 갔을 때, 등. 그곳이 떠나가게 우는 아이들에게는 그 거부감이 있는 것입니다.

이 성향의 아이에게는 '마음을 준비할 시간'이 필요합니다. 아이가 새로운 공간에 가기 전에 그 공간에 대한 사진을 보거나 먼저 도착해 자신의 주도로 탐색할 시간을 갖게 해주면 좋습니다. 그렇게 해준다면 적응이 훨씬 쉬워질 것입니다.

새로운 공간에 가기를 두려워하는 아이에게는, 본인이 원하지 않을 때 언제든 모든 것을 멈춰도 좋다는 자기결정권과 그 장소에 익숙해질 시간을 주는 것도 도움이 됩니다. 그렇게 새로운 공간에 대한 선택권과 시간을 주면 이런 문제는 해결이 됩니다.

이건 생활과도 연결될 수 있습니다. 아이는 사소한 일에도 마음의 준비가 필요할 수 있다는 것이지요. 예를 들어 아이가 집에서 잘 놀고 있는데 갑자기 나가자고 하면, 마음의 준비가 덜 되었기 때문에 거부하는 것입니다. 이럴 땐 나가기 30분 전부터 아이에게 미리 이야기를 해주면 좋습니다.

"민준아, 30분 뒤에 나갈 거야."

"15분 뒤에 나갈 거야."

"5분 뒤에 나갈 거야."

환경 변화가 시작되기 전에 늘 미리 예고를 해주면 어느 순간부터는 새로운 장소에서도 나는 안전할 수 있다는 믿음이 생겨 낯선 곳을 거부하지 않게 됩니다.

익숙하지 않은 일을 할 때도 예고를 해주면 거부감이 줄어듭니다. 치과에 갈 때를 예로 들어보겠습니다. 갑자기 옷을 차려입고 낯선 길을 지나 낯선 냄새가 있는 병원으로 들어서는 게 아니라, 먼저 치과 내부 사진도 보고, 원장님 사진도 보여주고, 어떤 방식으로 치료할지도 사선에 알려주는 것입니다. 이 과정이 아이에게는 마음의 준비가 되는 시간이라는 것을 기억해주세요.

．．

66 성장하는 가정을 위한 한마디 99

새로운 장소, 일 등을 두려워하는 아이에게 이렇게 말해주세요.

"우리 ＿＿분 뒤에 ＿＿를 할 거야."

．．

아이가
지나치게 솔직해요

여덟 살 민준이 어머니의 고민은, 아이가 너무 솔직하다는 것입니다.

오랜만에 이모 집에 가서 "이모 집은 왜 이렇게 더러워?" 묻기도 하고 "이모는 왜 이렇게 작은 데서 살아?" 같은 질문을 자주 한다는 것입니다.

이모에게뿐 아니라 학교 친구들, 선생님에게도 그런 말을 서슴없이 한다고 합니다. 아무리 아이라지만 민준이의 부모님도 당황스러울 때가 많고요. 민준이 어머니는 아이를 위해서라도 이 성향을 꼭 바로잡아주고 싶어 했습니다.

"아이가 언제부터 이런 이야기를 많이 했나요?"

"어려서부터 그랬던 것 같아요. 타인의 감정과 상관없이 자꾸 분위기에 안 맞는 말을 해서 난감해요."

"아이가 말을 빨리했나요?"

"네. 또래에 비해서 말을 일찍했어요."

"그럼 어머님, 지금 당장 아이가 바뀌기를 기대하고 어떤 방법을 쓰는 일은 조금 어려울 것 같아요."

민준이의 상황은 성격적 결함이나 지능에 관련한 문제가 아닙니다. 그러니 아이가 평생 이 문제를 해결하지 못할까봐 불안해하는 아이 어머니의 마음을 우선 안심시켜드렸습니다.

이런 문제는 아이의 통제력과 공감 능력이 자랄 때까지 시간이 필요합니다. 아이가 가진 장점이 뚜렷하면 단점도 함께 발견될 때가 많습니다.

평균적으로는 통제 능력과 언어 능력이 비슷하게 성장하는데, 통제 능력과 공감 능력보다 언어가 더 발달하면, 말은 어른처럼 할 수 있지만 민망한 이야기를 자주하게 되는 것입니다. 옆에서 양육자와 교육자가 "그런 말은 하면 안 돼"라고 자주 알려줘도 아이가 그 미묘한 차이를 아직은 알 수 없기 때문에, 아이의 솔직함을 성향으로 인정해줘야 합니다.

이때 아이를 뜯어고치려고 하면 아이가 스스로에게 어떤 문제가 있다고 인식할 수 있습니다. 상처 받지 않도록 주변에서 마음을 써줘야 합니다. 그렇게 하지 않으면 부모님과 아이 관계가 틀

어질 수 있습니다. 아이가 정말 도덕적이지 않은 이야기를 할 때
는 단호하게 말해줘야 하지만, 약간의 민망함을 만드는 정도라면
"그런 이야기는 안 좋아" 하고 가볍게 이야기해주세요. 아이가 자
라면서 스스로 알게 될 겁니다.

3장

짜증

"아이에게 휘말리지 마세요."

엄마

아들이 자꾸 징징거리고 짜증을 많이 내요. 별것도 아닌 일로 왜 이러는지 모르겠어요.

아이가 짜증이 많군요. 혹시 그럴 때 어머님은 어떻게 해주시나요?

최쌤

엄마

짜증 내지 말라고 이야기해주죠. 그래도 안 멈추니까 자꾸 큰소리가 나요.

예를 들면 어떤 식으로 큰소리가 나죠?

최쌤

엄마

아이가 짜증 내면서 "엄마 미워! 싫어!"라고 자주 말해요.

그럼 엄마 반응은요?

최쌤

엄마

"나도 너 싫어"라고 해요.

휘말리고 계신 겁니다. 아이의 도발과 짜증에 휘말리면 가르칠 수 없게 돼요.

최쌤

엄마

제가 휘말리고 있다고요?

네. 아이들은 아직 미숙해서 감정이 엉켜서 나오기 마련입니다. 자기 짜증의 원인을 모르니 별별 이야기를 다 하죠. 안아 달라. 뭐 줘라. 주면 왜 줬냐. 이럴 때 휘말리지 마시고 차분한 목소리로 아이 감정을 정리해주세요.

최쌤

아이가 짜증낼 때마다
미칠 것 같아요

아들 쌍둥이를 키우다가 폭발 직전이라는 말을 듣고 상담을 나갔습니다.

아이 어머니가 힘들어하는 상황들을 녹화 영상으로 보니, 감정이 폭발하는 상황 여덟 장면 중 일곱 장면이 한 아이를 향해 있었습니다.

이란성 쌍둥이라 둘의 기질이 다른데 한 아이가 유독 엄마를 힘들게 하는 장면이 나왔습니다. 소위 말하는 징얼거리는 기질이 문제였습니다. 이 아들은 엄마를 붙들고 하루 종일 짜증을 냅니다. 물을 달라고 해서 주면 싫다고 울고, 엄마가 그 물을 마시거나 치우면 치웠다고 울었습니다. 엄마는 매우 난감합니다. 결국 엄마는 아이를 무시하기 시작합니다.

"이런 상황에서 도대체 어떻게 해야 하나요? 저는 할 만큼 한 것 같은데 답을 못 찾겠어요."

아이 어머니의 표정에는 답답함이 가득 차 있었습니다.

이 아이가 가진 기질은 엄마의 입장에선 참 어렵게만 느껴집니다. 게다가 한 아이는 의젓하게 있으니 어떤 문제가 있기에 이 아이가 이렇게 되었나, 싶어 한숨만 나오지요.

보통 예민한 기질의 아이들이 이런 행동을 합니다. 이럴 땐 아이의 요구에 집중하기보다 왜 이런 이야기를 하는지 집중해서 봐야 합니다.

이런 친구들의 눈을 보면 감정이 많이 꼬여서 자신의 힘듦을 물을 달라, 물을 주지 말라 등의 지시로 표현함을 알 수 있습니다. 그러니까 아이는 엄마의 관심을 요구하는 것이지 물을 요구하는 것이 아닙니다. 혹은 그냥 자기 조절이 안 되는 상태에 가깝습니다. 이럴 땐 "우쭈쭈 물 줄까?" "아니야? 아니야?" "지금 하던 거 멈추고 안아줘?"와 같은 말로는 끝이 없습니다.

감정을 정리해주는 말이 필요합니다.

"지금은 민준이가 진짜 물을 먹고 싶은 게 아니고 짜증이 나서 그러는구나"라는 정확한 공감을 통한 정리가 필요합니다.

"아 도대체 어쩌라고!" 하며 외면하기보다는 시간을 내어 눈을 정확하게 맞추고 입장을 전달하는 과정이 필요합니다.

"지금은 엄마가 밥 해야 하니까 안아줄 수 없어. 민준이가 조절할 수 있을 때까지 기다려줄게."

시간을 내어 눈을 마주치고 아이가 조절할 때까지 지켜봐주는 과정이 반드시 필요합니다. 매번 눈을 마주치고 요구를 들어줄 순 없지만, 한 번 이야기할 때 눈을 보고 확실하게 말해줘야 합니다.

다음으로는, 아이에게 "지금은 안 되고 엄마가 이거 끝나고 안아줄게. 기다려"라고 말하며 기다림을 가르쳐야 합니다.

"저기 가서 장난감 쌓기 하고 있으면 엄마가 금방 갈 거야" 하고 어떻게 기다려야 하는지를 구체적으로 지시해주는 것도 상당한 도움이 됩니다. 이걸 '만족 지연'을 가르친다고 표현합니다.

기다리기를 잘하는 아이들은 욕구를 참는 능력이 뛰어나기보다는 자신의 관심을 다른 쪽으로 돌려 욕구를 조절하는 것입니다. 그러니까 아이 입장에서 엄마 뒷모습을 보면서 그저 꾹 참는 것은 3분도 힘듭니다.

그러니 구체적으로 어떻게 기다려야 하는지를 알려주세요. 아이에게 도움이 됩니다. 어른 입장에선 당연한 것이 아이들에게는 이렇게 알려줘야 할 때가 있는 것이지요.

마지막으로 아이가 조금이라도 기다리려는 노력을 했다면 빠른 시간 내에 잊지 않고 약속을 지켜줘야 합니다. 아이가 기다림을 처음 배울 때는 1~2분 안에 하던 설거지를 멈추고 가서 "잘 기다렸네! 엄마랑 잠시 놀까?" 하고 눈 마주치고 3~5분간 확실하게 놀아줍니다. 그리고 다시 "엄마 설거지 끝내고 올 테니까 아까처럼 한 번 더 블록 쌓기 하고 기다리고 있어"라고 말합니다. 그리고 조금 더 길게 있다 와서 아이와 확실하게 놀아줍니다.

이를 통해서 아이는 기다림을 배울 수 있고, 이는 엄마를 행복하게 합니다. 그리고 아이에게는 앞으로 세상을 사는 데 있어 조절과 기다림이라는 큰 자산을 얻게 됩니다.

· ·

❝ 성장하는 가정을 위한 한마디 ❞

아이가 기다림에 익숙하지 않을 때는 정확하게 지시해주세요.

"엄마가 일 금방 끝내고 올 테니까 블록 쌓기 하면서 기다려."

· ·

왜 아이가
제 말은 안 들을까요

기다림을 가르치는 데 실패했을 때, 제일 먼저 '나는 아이에게 신뢰를 충분히 주었는가?' 스스로에게 질문해야 합니다. 아이에게 신뢰를 얻지 못한 교육자는 아이에게 어떤 노력도 요구하기 어렵습니다. 결국 아이에게 기다림을 가르치기 위해선 '기다리면 반드시 약속이 지켜진다'는 신뢰를 쌓아야 합니다. 그러나 아이와 작은 약속을 지키는 것이 쉬운 일은 아닙니다.

"밥 잘 먹으면 아이스크림 줄게" 하는 흔한 약속을 예로 들어보겠습니다. 그럼 아이는 한 수저 먹고 "다 먹었다! 아이스크림 줘!" 합니다. 그럼 엄마는 "다 먹어야 아이스크림 줄 거야"라고 응수합니다.

어떤 아이는 밥 한 숟갈 먹을 때마다 묻습니다.

"이거 다 먹으면 아이스크림 먹는 거지?"

아마 아이 입장에선 이렇게까지 노력했는데 약속이 지켜지지 않을까봐 불안할 겁니다. 결국 아이는 엄마의 확답을 여러 번 받아가며 최선을 다해 밥을 먹습니다. 아이스크림을 받기 전까지 잠시 텔레비전을 봅니다. 그런데 텔레비전이 너무 재미있습니다. 어느새, 아이스크림 약속을 까마득하게 잊어버립니다. 이때, 엄마 마음에 '좋은 것도 아닌데 굳이 줄 필요가 있을까?' 하는 생각이 스멀스멀 올라옵니다. 결국 엄마는 얼렁뚱땅 조용히 식탁을 치웁니다. 문제는 다음 약속 때 생깁니다.

"다 먹으면 엄마가 아이스크림 사줄게."

"싫어! 지금 줘! 으앙앙앙."

엄마가 약속을 지키지 않았던 기억이 쌓이면, 아이는 더 이상 엄마를 믿지 않습니다. 기본적으로 아이는 엄마보다 기억력이 좋다고 생각하고 대할 필요가 있습니다.

온 힘을 다해 약속을 지켜도 아이들이 느끼기엔 엄마가 약속을 지키지 않는다고 생각하기 쉽습니다. 그런 의미에서 저는 여러분이 아이에게 아이스크림을 주지 않아도 괜찮을 것 같은 상황에서도 넘어가지 말고 약속은 꼭 지켜주시길 당부드립니다. 그래야 다음에 이렇게 말할 수 있기 때문입니다.

"엄마가 안 된다고 하면 안 되는 거야. 엄마가 약속 지켜요? 안 지켜요?"

교육자의 약속이 단단하다고 느껴져야 아이에게 비로소 노력할 의미가 생깁니다. 저는 이것을 교육자의 권위라고 표현하고 싶습니다.

결국 이는 어린아이에게게만 통용되는 이야기가 아닙니다. 사춘기 아들에게도 마찬가지고 부부생활에서도 마찬가지입니다. 또한 사회생활에서도 적용됩니다. 관계 속에서 작은 약속을 놓치지 않고 지켜간다는 것이 쉽지 않겠지만, 우리가 지킨 작은 약속들이 결정적인 역할을 할 거라는 제 이야기를 기억해주길 당부합니다.

· ·

❝ 성장하는 가정을 위한 한마디 ❞

아이가 내 말을 듣지 않는다면 점검해봐야 합니다.

"혹시 내가 아이와 약속들을 지키지 않았던 건 아닐까?"

· ·

제가 너무 아이 짜증에 휘말리는 것 같아요

일곱 살, 다섯 살 아들을 둔 어머니를 상담한 적이 있습니다. 둘째 아들이 젓가락질이 서툰 데 답답함을 느끼는지 자꾸 짜증을 내는데, 그 짜증의 강도가 지나치게 되니 어머니도 자꾸 같이 짜증을 내게 된다는 사연이었습니다. 항상 식탁에서 그렇게 짜증을 내니 아이 아빠도 같이 짜증을 내는 문제가 생긴다는 것입니다. 결국 어떤 날은 아이 아빠가 밥을 먹다 말고 아이를 데리고 안방으로 들어가기도 했습니다. 방에서는 큰소리가 났고요. 보는 엄마의 마음이 괴로워 정작 이 모든 상황을 견뎌야 하는 엄마는 제대로 표현도 못 했다고 합니다.

저는 아이 엄마에게 이런 질문을 했습니다.

"아이가 짜증을 내면 반응을 어떻게 해주세요?"

"짜증 내지 말라고 하죠."

"그럼 아이가 멈추나요?"

"아뇨. 더 짜증을 내던데요. 첫째는 안 그랬는데….."

첫째는 짜증을 안 내고 성장했고, 지금도 그러고 있다고 했습니다. 어쩌면 엄마 마음 깊은 곳에 첫째와 둘째가 비교되고 있는지도 모릅니다.

아이들의 모양은 제각기 다른데 첫째가 보인 모습이 기준이 되어 둘째를 평가하게 될 때가 있습니다. 그리고 아이는 그런 엄마의 반응을 미묘하게 느낍니다.

'아, 엄마는 내가 형처럼 하길 바라는구나.'

그런 마음이 들면 작은 일에도 계속 짜증이 납니다. 일종의 짜증이란 방어 기제일지도 모릅니다.

아이는 젓가락질 때문에 짜증이 났다가 그다음에는 부모님의 반응 때문에 더 짜증이 났을 겁니다. 아이는 아직 자신의 미숙함을 인내심 있게 받아들일 수 없습니다. 자신의 미숙함에 짜증이 날 수밖에요. 문제는 아이 짜증에 반응하는 우리 모습입니다. 아이의 짜증을 짜증으로 받아치면 해결이 안 되는 겁니다.

"저도 그걸 알지만 어떻게 해야 할지 모르겠어요."

"어머님, 우리의 최선은 짜증에 휘말리지 않는 겁니다."

심리학자들은 아이를 열등감 덩어리라고 표현합니다.

"나도 어른처럼, 형처럼 하고 싶은데 나만 뭐가 잘 안 되는 거예요!"

자라다에서 아이들과 호흡하다 보면 이런 말을 정말 자주 듣습니다. 남자아이에게는 흔한 마음입니다. 여자아이들과 비교해도 훨씬 잦은 빈도로 남자아이들이 느끼는 마음이기도 합니다.

인정받고 싶은 마음에 비해 소근육 발달이 떨어질 때는 더욱 그 짜증이 클 수 밖에 없습니다. 게다가 형까지 있으니 더더욱 그렇지요. 누가 비교하지 않아도 스스로 형이랑 비교하기 쉬운 환경입니다. 그럼 또 짜증이 납니다. 잘하고 싶은데 안 되니까요.

문제는 그 열등감을 바라보는 우리의 마음입니다. 작고 귀여운 아이가 열등감을 느끼는 모습을 오해하고 견디지 못하는 교육자의 마음 말입니다. 열등감이 아이를 잡아먹는다고 생각하면 아이가 정말로 크게 잘못될까봐 두려운 마음이 들 겁니다.

하지만 현실에서 열등감은 인간이 성장하는 데 꼭 필요한 감정입니다. 결핍을 느껴야 성장이 있는 것처럼 말입니다. 모든 성장은 열등감을 연료로 삼습니다. 문제는 열등감을 표현하는 방식인데, 어떤 아이는 아예 도전을 안 하고 피해버립니다.

"젓가락질 할 수 있는데 하기 싫어!"

또 어떤 아이는 젓가락질 하는 사람들을 비난합니다.

"형, 젓가락질 진짜 이상하게 한다!"

스스로 짜증을 내면서도 계속 도전하기도 합니다. 어떤 게 아이에게 가장 좋을까요? 답답해하면서도 끝까지 노력하는 열등감일 것입니다.

그러니 먼저 아이가 열등감을 이겨내려는 마음을 잘 읽어주세요. 아이는 정당한 열등감을 느끼고 멋진 방법으로 싸우고 있습니다. 우리의 최선은 젓가락질에 대한 열등감을 먼저 극복한 선배로서 미소 지으며 기다려주는 것입니다. 심리학에는 '사회적 참조'라는 용어가 있습니다. 내가 젓가락질이 안돼서 짜증이 나는데 가족이 그 광경을 딱딱한 표정으로 바라보고 있으면 아이는 그것 때문에 더 짜증이 납니다.

"열등감을 웃으면서 극복하라는 것은 아이에게 너무 큰 요구를 하는 일이 될 거예요."

저는 그런 말을 어머니에게 한 번 더 드렸습니다. 반대로 우리가 편안하게 미소로 아이를 기다려주면 아이는 우리 표정을 보면서 한결 편안하게 도전할 확률이 올라갈 겁니다.

"그냥 지켜보기만 하면 될까요?"

저는 어머니의 이 질문에는 이렇게 대답해드렸습니다.

"그 바라봄 안에도 규칙은 있어야 해요. 아이가 젓가락을 던지거나, 괜히 형을 비난하는 부정적인 행동은 안 된다고 명확하게 말해주세요."

"쉽지 않네요."

이 열등감을 다루는 특급 비법은 열등감에 대한 교육자의 인식을 바꾸는 데서 시작합니다. '아이가 열등감을 느낀다는 것은 부정적인 것이다'라는 공식에서 벗어나야 합니다. 여기서 더 나아가 그 열등감을 느끼게 한 상황이 아이의 성장에 반드시 필요하다고 바르게 인식해주세요.

만일 아이가 우리 바람대로 진짜 열등감을 느끼지 않는다면, 걷고 싶지도 않고 무언가를 이루기 위해 노력하는 시간조차 없어질 겁니다. 걸을 필요를 느끼지 못하는 아이, 말할 필요를 느끼지 못하는 아이, 감정을 바르게 인지하지 않는 아이를 상상해보면 마음이 아플 겁니다.

아이 짜증에 이미 휘말리고 난 후 마음을 가다듬는 것은 쉽지 않지만, 처음부터 아이에게 필요한 과정이라고 인식하면 지금보다는 한결 쉽게 아이의 짜증에 대처할 수 있습니다.

- -

❝ 성장하는 가정을 위한 한마디 ❞

자신이 할 수 없는 일을 아이가 부정적으로 말할 때 이렇게 말해주세요.

"언젠가는 너도 해낼 수 있어."

- -

아들이 제게만
말도 안 되는 짜증을 내요

"안아달라고 해서 안아주면 더 부드럽고 예쁘게 안아달라, 아가 안듯이 해주면 아가처럼 안았다, 하고 짜증을 내는 네 살 아들 엄마입니다. 음료수를 줄 때 빨대를 꽂아서 주면 꽂았다고, 안 꽂으면 안 꽂았다고 짜증을 내는데요, 제가 무엇을 잘못하고 있는 걸까요?"

네 살 아이를 둔 어머님이 질문을 했습니다. 해주는 대로 다 해주는데도 짜증이라니, 생각만 해도 암담합니다.

"아이가 원하는 대로 해주시는 편인가요?"

"네. 가능하면 그렇게 하는 편이에요."

"아이가 호텔급 육아 서비스를 받고 있네요."

"그런가요?"

하소연을 하던 어머님은 되물으면서 머쓱해했습니다. 저는 혹시 다른 사람한테도 아이가 그렇게 짜증을 내는지 물었습니다. 예상했던 것처럼 엄마에게만 그렇게 짜증을 내고 있었습니다.

저는 이런 조언을 드렸습니다.

"입장을 분명히 하셔야 합니다. 아이가 엄마에게만 짜증을 내고 있다면, 엄마는 나의 짜증을 들어주는 사람이라는 약속이 있기 때문일 가능성이 높아요. 엄마가 입장을 분명히 하고 아이가 뭘 해달라고 할 때 '기다려'라고 말해주세요. 이렇게 아들에게 기다리는 방법을 가르쳐주면 효과가 있을 겁니다. 아이한테 기다림을 가르칠 때는 분명히, 그리고 시간이 흐른 후에는 반드시 약속 지켜주기를 반복하면 됩니다.

아이는 적응의 천재입니다. 그러니 엄마가 육아하는 데 자신의 기준을 명확하게 만들어두면 금방 적응합니다. 기대와 달리 행동하는 초반에는 저항이 있을 수 있습니다. 그러나 입장이 분명하다는 걸 아이가 느끼면 아이는 반드시 적응합니다. 그 증거가 엄마 이외에 다른 사람에게는 그런 요구를 하지 않는다는 사실이라는 것을 기억해주세요.

앞서 등장했던 사연의 아이는 열등감 때문에 짜증을 심하게 냈습니다. 이 사연 속 아이는 특정인에게 짜증을 내지요. 짜증에도 종류가 있다는 것이 느껴질 겁니다.

교육자는 이 두 가지 차이를 직관적으로 구분해야 합니다. 자신에게 내는 짜증과 타인에게 부리는 짜증은 목적과 종류가 다릅니다.

특정한 사람에게 부리는 짜증은 상대방이 받아줄 거라는 기대에서 출발합니다. 아들에게 처음부터 가능한 영역과 그렇지 않은 영역에 대한 입장을 명확하게 해줄 필요가 있습니다. 입장이 분명하지 못하면 아이가 우리에게 계속 기대를 하게 됩니다.

호텔급 서비스에 익숙해질수록 아이의 기대는 올라가고, 기대한 만큼의 짜증은 우리가 감당하게 된다는 점을 꼭 기억해주세요.

66 성장하는 가정을 위한 한마디 99

아이가 가족 중 한 사람에게만 투정이 심할 때,
당사자는 스스로에게 이렇게 말해야 합니다.

"당장은 어렵더라도 아이에게 좀 더 단호해져야 해."

엄마는 언제부터
아들과 멀어지나요

"민준아, 엄마가 신발 신겨줄게."

"아니! 내가 내가 내가!"

"민준아, 어제까지 수강신청하기로 했는데, 잘했니?"

"엄마. 내가 알아서 한다고. 신경 쓰지 마."

'내가 내가 내가' 병으로 출발해서 '내가 알아서 한다고'까지,
아이가 보내는 메시지에는 분명한 공통점이 있습니다.

"엄마의 도움이 아닌 내 능력을 발휘해서 성취해보고 싶어!"

분명히 하지 말라고 했는데도 보란듯이 한 번 더 해서 엄마를
열받게 하는 아들의 메시지는 아주 명료합니다.

"엄마! 내 자기결정권을 뺏지 마! 그건 공격이야! 이건 내 영역

이라고."

여자아이들에 비해 남자아이들은 자기결정권 주장에 열심입니다. 물론 자기결정권을 보호받고 싶어 하는 심리는 남성과 여성을 가리지 않고 중요합니다만, 현장에서 바라보니 차이가 있습니다. 여자아이들은 어른과 심리적인 연결감을 중요하게 여기고, 상대적으로 남자아이들은 자신의 성취를 보여주는 것에 관심이 많다고 볼 수 있습니다.

아들과 사이가 안 좋아지는 방법은 쉽습니다. 아이의 자기결정권을 계속 빼앗는 겁니다.

"너 그거 했어? 엄마가 하라고 그랬지?"

"아니, 그게 아니라 이렇게 해야 쉽다니까?"

"너 왜 말을 안 듣니?"

사소한 것 하나까지 계속 가르치고 있다면 지금 멈춰야 합니다. 엄마는 '맞는 말인데 왜 인정을 안 하지?' 하며 굽히지 않고 아이는 '왜 자꾸 내 영역을 침범하고 공격하지?'라고 맞서는 일이 반복되기 때문입니다.

사람들 대부분은 일방적으로 가르치는 사람을 싫어합니다. 심지어 상대방이 맞는 말을 해도 싫어할 가능성이 높습니다. 자기결정권을 빼앗을 수 있다는 위협을 주기 때문입니다. '맞는 말이지만 기분 나쁜 말'의 특징은 상대방이 원하지 않는 시간에 원하지 않는 영역을 동의 없이 가르치는 것입니다. "언니, 나니까 이야기해주는 건데…"라며 친분을 가장해 가르치려는 사람들이 불편한 이유도 같은 맥락입니다.

엄마가 아들의 자기결정권을 지속적으로 꺾다보면 아들에게 엄마에 대한 방어기제가 생기고, 엄마는 곧 '자기결정권을 꺾는 사람'이라는 공식이 성립됩니다. 그러면 엄마가 어떤 말을 해도 악순환이 시작됩니다. 이런 상태를 '너무 가르치려다가 어떤 것도 가르칠 수 없는 상태'라고 표현하고 싶습니다.

교육자는 아이를 '어떻게 가르치느냐'에 집중하고 있지만, 정말로 중요한 것은 '누가 가르치느냐'입니다.

'나는 너를 존중하기 때문에 필요 이상으로 너의 자기결정권을 빼앗지 않을 거야. 나는 네가 참 멋진 사람이라는 것을 알고 있어'라는 신뢰를 쌓아온 사람의 말과 그렇지 않는 사람의 지시는 무게가 다릅니다. 만일 아이에게 도움이 되는 노하우들을 모아다가 권해도 아이가 반응하지 않는다면, 그간 쌓아온 시간을 되짚어봐야 합니다.

아이가 집에서 편식을 한다고 집 밖의 기관에서도 편식하는 것은 아닙니다. 아이가 집에서 천방지축이라고 해도 태권도 사범님 말을 듣지 않는 건 아닙니다. 그러니 아이의 자기결정권을 꺾기 전에 우리는 반드시 신뢰를 먼저 얻어야 합니다. 저는 이 신뢰를 '권위'라고 표현하고 싶습니다.

육아에서 권위란 대체 뭘까요? 우리의 현실에서는 타인에 대한 통제권을 의미할 때가 많은 것 같습니다. 진짜 권위는 통제보다 신뢰에 가깝습니다. 엄마 말에 권위가 있다는 건, 엄마가 말한 것은 지켜진다는 것을 의미하는 이유입니다.

진짜 권위가 있는 사람은 권위를 부리지 않습니다. 우리는 권위가 있는 교육자일까요? 아니면 권위적인 상태일까요? 우리를 돌아보면 좋겠습니다.

❝ 성장하는 가정을 위한 한마디 ❞

아이의 행동이 마음에 들지 않을 때 스스로에게 물어봐주세요.

"나는 지금 아이의 자기결정권을 빼앗으려는 걸까?"

엄마 말은 무시하고
아빠 말만 들어요

게임을 굉장히 좋아하는 여섯 살 아이가 있었습니다. 게임하는 시간을 지나치게 길게 갖지 못하도록 엄마가 제어를 하면, 갑자기 주먹을 쓰거나 화를 내는 아이였습니다. 아이는 엄마가 아빠보다 약하다는 사실을 안다는 듯이 엄마 말만 듣지 않는다고 했습니다.

아이의 어머니는 나날이 거세지는 아이의 폭력적인 모습에 걱정이 이만저만이 아니었습니다. 같이 힘을 써야 하는지를 고민할 정도였습니다. 그런데 엄마가 물리적인 힘을 보여준다고 아이가 따르거나 제압될 거라고 생각하는 것은 큰 오산입니다.

아이는 힘이 센 사람의 말을 듣는 것이 아니라 권위 있는 사람의 말을 잘 듣습니다. 어머니가 "안 되는 건 안 되는 거야"라고 단호하게 말하는 것과 권위 자체는 조금 다릅니다. 특히나 크게 소리를 지른다거나 "하지 말랬지! 한 번만 더 해!"라고 말하면 단호한 모습을 보여준다기보다는 소리를 크게 지르는 것에 더 가깝습니다.

우리가 교복 입고 학교 다닐 때 선생님들의 모습을 잠시 떠올려보면 도움이 될 것 같습니다. 어떤 선생님은 소리를 크게 지르는데도 권위가 없고, 낮은 목소리로 이야기하는데도 말을 들어야 할 것 같은 선생님이 있습니다. 이 차이를 잘 이해해야 합니다.

소리 지르는 횟수와 권위는 비례하지 않습니다. 권위는 신뢰와 아주 유사한 영역이기 때문입니다.

아이에게 어떻게 신뢰를 쌓을 수 있을까, 이 글을 읽는 모든 어른들이 고민을 시작했을 겁니다. 신뢰라는 단어는 늘 막연하게만 느껴집니다. 그래서 저는 이런 시도를 첫걸음으로 권하고 있습니다.

"한 번 말한 걸 지켜주세요."

아이에게 "너 밥 먹을 때 텔레비전 보지 마!"라고 단호하게 말했다고 가정해보겠습니다. 그런데 아이가 갑자기 정말 중요하게 기다렸던 거라고 꼭 봐야 한다고 막 울기 시작하는 거지요. 이때 하필 집에 손님이 와 있다면 어떻게 하는 게 좋을까요?

이 사연의 어머니는 "그런 상황이라면 일단 텔레비전을 보게 허락해주겠죠"라고 대답했습니다.

이런 결정이 교육자의 권위를 무너뜨리는 데 한몫을 합니다. 불편한 상황이 빨리 지나가기를 바라는 게 우선이니 아이에게 조건부로 허락을 하는 거지요. 그러고 나면 아이가 깨닫게 됩니다.

'아, 손님이 있을 때는 내가 협상에 유리하구나.'

교육자의 규칙이 자주 번복되면, 교육자가 말한 모든 것은 번복이 가능하다고 인식됩니다. 그럼 엄마가 단호하게 이야기할 때마다 같이 화를 내는 거죠. 그럼 아이가 과민 반응을 하니까 엄마는 "오늘만 해"라면서 물러나게 되고요.

한 번 말한 것을 지켜나간다는 건 정말 어렵습니다. 그 시작은 지킬 수 있는 영역에서만 훈육을 하는 겁니다. 기억해주세요. 약속이 지켜져야 합니다.

· ·

66 성장하는 가정을 위한 한마디 99

아이가 양육자의 말을 들으려 하지 않을 때 스스로에게 질문해주세요.

"나는 그동안 규칙을 잘 지키는 양육자였나?"

· ·

권위 세우기,
이미 늦었을까요

초등학교 2학년인 민준이는 친구 집에만 가면 밤 열 시가 되어서야 귀가할 정도로 통제가 되지 않는 아이입니다. 민준이는 그림도, 조형물을 만드는 일에도 항상 특유의 재치로 선생님들을 감동시킵니다. 하지만 작은 규칙도 지키려 하지 않습니다. 민준이의 어머니는 아이가 정말로 자유로운 영혼인지, 본인이 무엇인가를 잘못해서 역효과가 나는 것인지 걱정하고 있었습니다.

육아 문제 중 상당수는 교육자가 아이에게 명확하게 말해주지 않는 것이 반복되고 쌓이면서 생깁니다. 그래서 저는 민준이 어머니에게 이렇게 말씀드렸습니다.

"일찍 들어오라고 강력하게 말씀하시면 되죠."

"이미 열 시에 들어오는 게 자리가 잡혀서 씨알도 안 먹혀요."

민준이 어머니의 얼굴에서 무기력감이 느껴졌습니다. 저는 이 문제가 단지 민준이의 자유분방함 때문만은 아닐 수도 있겠다는 생각을 했습니다. 명확하게 자주 말하는데도 아이가 교육자의 말을 받아들이지 못한다면 다른 원인을 찾아야 하기 때문입니다.

"혹시 어머님이 생각하시는 이상적인 엄마는 어떤 모습일까요?"

저는 민준이 어머니에게 다시 질문을 했습니다. 민준이 어머니는 이렇게 대답했습니다.

"친구 같은 엄마가 되고 싶었어요."

초등학교 2학년 아이에게는 친구 같은 엄마보다는 자신이 해도 되는 일을 명확하게 알려주는 교육자가 필요합니다. 저는 이런 부분들을 민준이 어머니에게 설명했습니다.

"아이는 이제 실실 웃기만 해요. 부모로서의 권위는 잃게 된 것 같아요. 매를 들거나 화를 세게 내야 할까요?"

민준이의 어머니도 다른 교육자들처럼 아이를 통제하는 데 굉장히 강한 인상과 압도적인 모습을 보이는 방법을 고려하고 있었습니다. 하지만 이런 방법은 분위기를 냉랭하게 만들거나 아이를 경직시킬 수는 있어도 장기적인 효과를 보기는 어렵다는 걸 설명드렸습니다. 민준이 어머니는 다른 방법을 상담했습니다.

"용돈을 줄까요? 게임 머니를 주거나요."

"그 방법으로 아이가 아주 잠깐은 일찍 들어오겠지만, 게임 머니를 주지 않는 순간부터 아이는 일찍 들어갈 이유를 못 느끼게 될 거예요."

저는 잠시 아들의 입장이 되어 민준이 어머니가 다른 방법을 고민하도록 유도했습니다.

"채찍도 아니고 당근도 아니면 어떻게 해야 권위를 찾을 수 있나요?"

"어머님, 아이와의 약속은 반드시 지키시나요?"

민준이의 어머니에게도 아이와의 약속을 얼마나 잘 지키고 있는지를 물었습니다. 민준이 어머니 역시 노력을 열심히 하고 있지만, 상황에 따라 달라지는 부분들이 있다고 했습니다.

저는 이런 방법을 제안드렸습니다.

"아이가 학교 갈 때 이런 약속을 해보세요. '오늘은 민준이가 학교 끝나고 돌아올 때 맞춰서 엄마가 돈가스를 튀겨놓고 기다리고 있을게.' 이렇게 작은 약속을 하고 지키는 모습을 자꾸 보여주세요. 약속을 지키고 생색내기를 해보세요. 모든 것에 앞서 어머님이 한 말을 못 지키고 있다면 아이 통제는 사실상 어려우실 거예요. 우리도 아이를 평가하지만 아이도 우리를 평가하고 있거든요."

이런 반복을 통해 아이에게 충분히 신뢰를 얻은 후, 아이가 누릴 수 있는 자유가 어디까지인지를 명확하게 해주는 겁니다. 조금씩 그 귀가 시간을 당기는 일을 해보는 것이 중요합니다.

"민준아, 오늘은 여덟 시까지는 들어와야 해."

어머니가 정한 시각에 오지 않으면 이렇게 말해야 합니다.

"내일은 친구네 집은 못 가게 될 거야. 왜냐하면 민준이가 엄마와 약속을 지키지 않았으니까."

이런 식으로 아이가 다음 날 어떻게 행동해야 하는지를 미리 알려줘야 합니다. 그래도 아이가 늦게 들어오면, 다음 날은 그냥 학교에서 아이를 기다렸다가 데리고 오면 됩니다. 그리고 하루 종일 못 나가게 해야 합니다.

여기서 중요한 것은 화를 내지 않는 모습을 보여주는 겁니다. 자신의 행동에만 책임을 지도록 유도해주세요. '너 때문에 내가 이런 짓까지 하고 있다. 화가 난다'라는 마음을 담아 말을 하면 훈육이 아니라 진흙탕 싸움이 되어버립니다.

아이가 자신을 돌아보도록, 복수심을 갖지 않도록, 교육자가 보다 더 현명해야 합니다.

- -

66 성장하는 가정을 위한 한마디 99

아이가 자신을 돌아보고 복수심을 갖지 않도록 이렇게 말해주세요.

**"어제의 약속을 지키지 않았으니까,
오늘은 네가 원하는 것들을 다 이룰 수는 없어."**

- -

아이의 요구,
거절하기 어려워요

"저희 아이는 갖고 싶은 게 너무 많아요. 사줄 때까지 떼를 많이 쓰고요. 그런데 막상 사주면 며칠 조금 좋아하며 놀다가 싫증을 내요."

민준이는 갖고 싶은 것도, 해보고 싶은 것도 많은 아이라고 했습니다. 한 달에 몇 번 정도가 아니라, 일주일에 여러 번 호시탐탐 엄마에게 조르기 일쑤라고 합니다. 민준이의 어머니는 처음에는 아이가 호기심이 늘고 세상을 궁금해한다고 생각해 그 요구를 다 들어줬습니다. 하지만 장난감 가게에 갈수록 민준이는 오히려 더 갖고 싶어지는 게 많아지고, 갖게 된 물건들에 애착도 흥미도 없어 보인다고 했습니다.

교육자는 아이가 습관적으로 무언가를 사달라고 떼를 부릴 때, 아이의 마음을 잘 살펴야 합니다. 정말로 그 물건이 갖고 싶은지, 아니면 나를 얼마나 사랑하는지 확인해보는 욕구의 표현인지를 요. 어른이 아이에게 규칙과 습관을 알려줘 길들이듯이 아이들도 우리를 길들입니다. 저는 민준이 어머니에게 이런 방법을 추천했습니다.

"집에 가서서 아이를 위한 선물 목록을 만드세요. 어린이날 선물 10칸, 크리스마스 선물 10칸, 생일 선물 10칸 등을 적어서 아이가 갖고 싶은 게 있을 때마다 함께 적어보는 거예요."

"선물 목록 공책을 만들면 사줘야 하는 게 더 늘어나지는 않을까요? 저희 아이가 정말로 떼를 쓰면 어느 때는 현기증이 나요."

걱정스러워하는 민준이 어머니에게 저는 이런 대답을 드렸습니다. 앞으로 아이가 갖고 싶은 게 생겨서 엄마에게 요구할 때마다 "안 돼"라는 말 대신 그 노트를 꺼내라고요. 그리고 자상하게 아이에게 질문해줘야 한다고요. 가령 이런 질문이면 좋습니다.

"민준이는 그 선물을 언제 받았으면 좋겠어?"

혹은 아이가 기대할 수 있는 상황과 연결 지어주세요.

"와, 조금 있으면 민준이 생일이구나!"

이것은 아이에게 완전한 거절도 즉각적 승낙도 아닌, 자신의 계획과 선택에 맞춰 갖고 싶은 것을 얻을 수 있도록 알려주는 방법입니다. 그럼 목록에 적는 것만으로도 엄마가 내 말을 들어줬다는 욕구가 어느 정도 해소가 되지요.

"한 항목당 하나씩 선물을 고르게 하면 되겠군요?"

민준이 어머니는 체증이 내려간 듯한 얼굴로 되물었습니다.

"네. 그럼 10칸 중에서 최종 결정도 아이에게 맡기면 더 좋고요."

민준이 어머니는 당장 공책 한 권을 사러 가야겠다고 했습니다. 이후로는 민준이의 물욕에 대한 소식은 듣지 못했습니다. 조금씩 나아지고 있을 거라고 기대해봅니다.

이 방법은 아이가 갖고 싶은 걸 다 가질 수 없다는 교훈을 배우는 데 도움을 줄 겁니다. 이렇게 1년간 받을 선물 목록을 보면 엄마가 나를 사랑하지 않는다는 오해에서도 얼마든지 벗어날 수 있을 겁니다.

이 공책 쓰기를 한 후에 부모님이 할 일이 있습니다. 바로, 약속을 지키는 것입니다. 아이가 인내심과 기대를 갖고 공책 한 줄 한 줄을 채워간 후에 적절한 보상이 반드시 따라와야 아이는 교훈을 얻습니다.

· ·

66 성장하는 가정을 위한 한마디 99

아이가 갖고 싶은 게 많을 때 공책을 펴서 이렇게 말해주세요.

"갖고 싶은 게 있을 때마다 여기에 적어보자."

· ·

아이의 심심함,
감당이 안 돼요

　여섯 살 민준이는 에너지가 넘칩니다. 유치원 선생님들 사이에서도 굉장히 활동적인 아이로 손꼽히고, 집에서는 그 에너지가 폭발합니다.

　민준이의 어머니는 밝고 씩씩하고 에너지 넘치는 아이가 조금 걱정됩니다. 민준이가 놀아달라고 할 때 원하는 만큼 호응해주지 못하면 태도를 바꿔 울고 짜증을 내기 때문입니다. 맞벌이를 하는 민준이 어머니는 집안일에 제약이 많아지고 체력에도 한계를 느낍니다.

　"계속 놀아줘도 끝이 없어요. 놀이를 잠시 쉬지도 않고요. 아빠도 시간이 부족하고 저도 감당을 못 하는 것 같아요. 그렇다고 아이를 혼자 놀게 할 수도 없고…."

아무리 건강한 어른이라고 해도 한참 신이 난 아이를 체력으로 이길 수 없습니다. 못 이깁니다. 하지만 민준이 어머니는 아이가 만족할 만큼 함께 놀이를 해주고 싶어 했습니다.

"같이 놀아주지 않으면, 아이가 외동이라서 심심해하고요. 자꾸 게임만 하려고 하거든요."

저는 이렇게 말씀드렸습니다.

"먼저 인정하셔야 할 게 있어요. 우리는 아이가 원하는 만큼 놀아주지 못해요. 아이는 잠을 아껴서라도 놀고 싶고요. 기준을 살짝 낮춰서 '아이 모든 요구에 맞춰 놀아주겠다'를 '계속 못 놀아줘도 한 번 놀 때 제대로 놀아주겠다'는 방향으로 전환해보세요."

"그럼 나머지 기다리는 시간 동안 계속 징징거리지 않을까요?"

"아이는 원할 때마다 부모님과 함께할 수 없다는 것을 배워야 해요. 여섯 살이라면 이해할 수 있는 나이고요. 놀아줄 때는 제대로 함께해주고, 놀이가 끝난 후에는 정확하게 시간이 끝났다고 전달하시는 거예요. 또 다음 놀이 시간까지 자신의 일을 하면서 기다리라고 아이에게 전해주시고요."

"그럼 아이가 기다리나요?"

아이가 무언가를 얻기 위해 기다릴 때는 반드시 확신이 필요합니다. 반복적으로 약속을 지키지 않은 교육자는 단순히 언제 놀고 놀지 않을지를 결정하는 게 아니라, 약속을 지키는 어른이 되어야 합니다. 그래야 아이는 참고 기다릴 수 있습니다.

아이에게 "엄마가 기다리면 3분 후에 5분간 진짜 재미있게 놀아줄게"라고 약속하고 정확히 3분 후에 제대로 놀아주세요. 아이가 처음에는 몸을 배배 꼬겠지만 기다리게 두고, 시간이 되면 약속대로 5분간은 영혼을 불사르듯 신나게 놀아줘야 합니다. 그리고 다시 아이에게 "재밌었지? 10분 후에 다시 놀아줄게"라고 약속하고 또 지켜보세요.

이렇게 약속하고 지키는 횟수가 세 번만 되어도 아이는 엄마를 믿고 기다리는 방법을 터득하기 시작합니다.

．．．．．．．．．．．．．．．．．．．．．．．．．．．．．

66 성장하는 가정을 위한 한마디 99

끊임없이 아이가 놀아달라고 할 때 스스로에게 말해주세요.

"나는 오늘도 약속을 지키는 부모가 될 거야."

．．．．．．．．．．．．．．．．．．．．．．．．．．．．．

가르칠 것은 많은데
한 가지도 못 쫓아와요

밥 먹기를 싫어하는 아이에게 엄마가 '골고루 먹기' '맛있게 먹기'를 한꺼번에 가르치려고 한다면 아이에게 식사 시간은 고통이 됩니다. 아이가 먹는 행위에 대한 감정이 좋지 않다면 골고루 먹기는 포기하고 일단 편식해도 괜찮으니 즐겁게 먹기부터 시도해야 합니다.

이런 식으로 우선순위를 정해야 변화가 시작됩니다. 아이는 단호함 하나로 움직이지 않습니다. 아이의 진심을 읽어주는 지혜로운 마음의 눈이 필요합니다.

우선순위 없이 어떤 것도 양보하지 않는 엄마는 단호한 교육자가 아닙니다. 흡사 사장님이 일은 잔뜩 주면서 '야근하지 말고 정시에 업무 끝내라!'라고 하는 것과 같습니다. 당장 좋은 곳에 취직도 하고 결혼도 하라는 압박과 다를 게 없습니다. 회사 일도 빈틈없이 하고 집에서도 좋은 아내, 훌륭한 엄마가 되라고 강요하는 것과도 같습니다.

여러 가지 문제가 실타래처럼 꼬여서 한 가지도 풀리지 않고 악순환이 반복되고 있다면, 우선순위를 정해야 합니다.

후순위를 포기하고 한 가지만 반복해서 가르치는 지혜가 필요합니다.

"골고루 맛있게 빨리 먹어!"

부모님이 아이를 다그치거나 재촉하는 모습이 상상될 겁니다. 아이는 인상을 찌푸린 채로 식탁 앞에서 세월아 네월아 하겠지요. 이 문장은 짧지만, 복잡하고 불편한 주문이 여러 가지입니다. 골고루 먹기, 맛있게 먹기, 빨리 먹기. 아이가 배가 고프지 않을 수도 있고, 입맛이 없을 수도 있고, 오늘의 반찬이 당기지 않을 수도 있고, 천천히 먹고 싶을 수도 있지만, 부모님은 우선 명령부터 하고 보는 것입니다. 아이 입장에서 입맛이 도는 시간일 수는 없을 것입니다.

이렇게 바꿔 말해보면 어떨까요?

"편식해도 되니까 좋아하는 반찬 많이 먹어."

아이는 이 상황에서 불편과 부담을 덜어낼 수 있고, 모두에게 개선될 여지가 생겨서 좋습니다.

우선 한 가지라도 엄마의 지시에 따라 변화를 이루고 나면 다음 과제에도 자신이 붙습니다.

훌륭한 리더는 사람이 동시에 여러 가지를 배우기 어렵다는 사실을 잘 아는 사람임을 기억해야 합니다. 단호한 태도보다는 마음을 읽어주고 한 단계씩 이뤄나가는 교육이 필요합니다.

❝ 성장하는 가정을 위한 한마디 ❞

어떤 것도 양보하지 않는 부모님은 단호한 교육자가 아님을 기억해주세요.

"편식해도 되니까 좋아하는 반찬 많이 먹어."

아이가 뭘 잘못했는지
스스로 몰라요

강연 현장에서 질문을 받아보면, 엄마가 원하는 만큼 반성하지 않는 아이 때문에 고민하는 사례가 많습니다.

특히 "잘못했어, 안 했어?"라고 정색하고 외치는 엄마에게 "잘–못–했–습니다!" 하고 실실 웃으며 사태의 심각성을 눈치채지 못하는 아들 때문에 열받는 엄마들이 한둘이 아닙니다.

"선생님, 훈육이 끝나고도 제대로 반성하지 않고 사과하지 않을 때는 어떡해야 하나요?"

"선생님! 아이가 말로는 잘못했다고 하는데요, 정말 반성하는 느낌은 아니에요."

아이가 잘못을 인정하지 않는 것과 엄마 마음에 들게 반성하는 것에는 차이가 있습니다. 훈육은 행동을 제지하면서 해도 되는 일의 범위를 알려주는 것이고, 엄마 감정의 공감까지 바라는 것은 '감정의 굴복'을 원하는 것에 가깝습니다.

우리는 아이에게 "내가 너 때문에 힘들었겠지? 이럴 수밖에 없었겠지? 너도 나 이해하지?"라는 메시지를 담아 아이가 인정하는지를 꼭 확인하려고 합니다.

하지만 이때도 아이는 엄마가 원하는 대답을 내놓지 않을 확률이 굉장히 큽니다. 그러니 아이를 굴복시키는 말보다는 담백한 마무리를 추천합니다.

아이가 "네. 잘못했어요"라고 말하는데 "네가 진짜 뭘 잘못했는지 말해봐!" 하기보다는 "앞으로도 이런 행동은 안 된다"로 마무리 지어주세요.

· ·

❝ 성장하는 가정을 위한 한마디 ❞

아이가 잘못했을 때 대화의 마무리는 이렇게 해주세요.

"앞으로 이런 행동은 안 되는 거야."

· ·

4장

형제

"아이보다는 환경을 통제하세요."

엄마

두 아이의 엄마입니다. 저는 평소 사소한 것도 공평하게 대하려고 노력하는데, 아이들은 그럴수록 엄마가 한쪽만 편애한다며 억울함을 호소합니다. 제가 어떻게 해야 하는 걸까요?

어쩌면 공평하려는 마음이 핵심 문제일 수 있어요. 아이들은 연령과 능력에 따라 어쩔 수 없이 다른 대우를 받아야만 할 때가 있거든요. 그럴 때 소위 배신감을 느끼죠.

최쌤

엄마

그럼 공평하게 대하지 말라는 뜻인가요?

아뇨. 공평의 의미를 새롭게 생각해보시면 좋을 것 같아요. 연령과 위치에 맞는 대우가 정말 공평한 거예요. 나이가 다른 아이들을 똑같이 대하려는 노력은 오히려 차별을 낳아요. 처음부터 나이에 맞게 대우하겠다는 선언이 필요할 수 있어요.

최쌤

맏이가
동생을 싫어해요

열 살 민준이에게는 여섯 살 많은 형이 있습니다.

"민준이네 형은 태권도도 검은 띠고, 텀블링도 엄청 잘해요! 막 날아다녀요!"

민준이 친구들이 자라다 선생님들에게 자랑을 할 정도로 운동 신경이 좋은 형입니다. 그만큼 인기도 많습니다. 하지만 민준이 어머니는 형제 문제로 고민이 깊습니다. 민준이가 형보다는 운동 신경이 크게 발달하지 않은 상태인데, 형을 무턱대고 따라 하기 때문입니다. 더 큰 문제는, 그런 민준이를 형이 싫어한다는 것이고요.

어느 날 민준이 어머니와 상담을 하며, 민준이의 형과 민준이의 관계가 좋아지는 중인지를 물었습니다. 민준이의 만들기 작품이나 그림에서 형에 대한 마음을 읽게 될 때가 있었기에 여쭤볼 수밖에 없었던 것이지요.

여러 대화를 하다가 "민준이 형은, 원래 자신보다 어린아이들을 싫어하나요?"라고 여쭤보았습니다. 민준이 어머니는 이렇게 대답했습니다.

"아뇨, 태권도장에서 보면 다른 아이들은 좋아하는데요, 동생만 안 좋아해요. 이유를 모르겠어요."

아이들은 나이 터울이 있는 동기와 함께 자라면 자신의 나이를 착각합니다. 열 살 동생이 열여섯 살 형과 같이 자라면 자신이 열여섯 살이라고 착각할 때가 있습니다.

제 설명을 듣던 민준이 어머니는 "자꾸 민준이가 형이랑 맞먹으려고 해요"라며 그 설명에 공감했습니다. 민준이 형의 입장에서 가족의 풍경을 보아야겠다는 생각이 들었습니다. 저는 이렇게 설명을 이어갔습니다.

"동생은 자꾸 까부는데 녀석을 제지할 권한이 없다고 느끼면, 형은 동생을 자연스레 피하게 돼요. 종종 동생은 형을 좋아하면서도 괴롭히고 도발하죠. 그러다보니 형 입장에선 자신의 영역을 어려서부터 계속 침범당했다고 느낄 수밖에 없어요. 열심히 만든 레고를 동생이 다 망가뜨리는데 동생을 제지할 수 없으면 싫어지는 것처럼요. 누군가가 나를 공격하는데 방어할 수 없는 상황이 반복되면 상대를 당연히 피하게 되잖아요. 저는 민준이 형 마음도 이해가 돼요."

동생을 진심으로 미워하는 형에 관한 상담은 끊이지 않습니다. 형들의 공통점은 동생에게 당할 만큼 당해주는데, 동생을 제지하는 적절한 방법을 모른다는 것입니다. 부모님이 나서주지 않으면 동생에게 주도권을 뺏겼다고 오해할 만한 상황도 많이 있습니다. 어른들이 그 미세한 차이를 모를 뿐입니다.

누군가 내 마음에 그어둔 선을 습관처럼 넘나드는 것이 너무 싫은데도 거부할 수 없다고 상상해보면 좋겠습니다. 그런 일을 방어할 수 없다면 진심으로 상대가 싫어지는 것은 당연합니다. 동생에 대한 오해와 엉킨 마음을 풀어주세요. 오직 부모님만이 할 수 있습니다.

· ·

66 성장하는 가정을 위한 한마디 99

동생을 싫어하는 맏이에게는 마음을 헤아리는 말을 건네주세요.

"동생이 예쁜데, 자꾸 너를 괴롭히니까 그게 답답하구나!"

· ·

형과 동생을 차별해야 할까요

2009년부터 자라다를 통해 아이들을 만나며 느끼는 것이 있습니다. 가족 구성원이 서로를 대하는 방식이 달라지고 있다는 것입니다.

우선 어머니가 형과 동생을 대하는 데 차이가 생겼습니다. 예전에는 장남 우대가 있었습니다. 하지만 지금은 그런 집을 찾아보기 어렵습니다. 오히려 "서로를 동등하게 생각해야 해"라는 메시지를 담은 육아 방식이 더 많아졌다고 느낍니다.

이 변화는 형이 동생을 미워하는 현상에 어느 정도 연관이 있는 것 같습니다. 교육 현장에서는 특히 아이들의 마음을 날것의 상태로 접할 때가 있으니 그런 변화들이 더욱 와닿습니다.

강연장에서 받는 질문의 상당수는 형제 문제입니다. 재미난 사실은 아이를 셋 이상 키우는 엄마들의 이야기를 듣다보면 어떤 분들은 둘에서 셋이 되었을 때 곱절로 힘들고 어떤 분들은 육아가 편해졌다고 표현한다는 점입니다. 육아가 수월해진 가정의 공통점은 중간 관리자를 잘 두었다는 것입니다.

형이 동생을 가르치거나 함께 놀아주기 시작하면 시간적, 경제적 조력자를 얻는 느낌이 듭니다. 반대로 부모가 자신의 영역을 누구에게도 위임하지 못하고 호텔급 서비스를 해내려고 하면 형제 육아는 수렁에 빠져듭니다.

자녀가 둘 이상일 때는 가족 구성원을 조직이라고 생각해야 육아가 한결 수월해집니다.

게다가 형제는 차별에 민감합니다. 엄마가 나에게 얼마나 무엇을 해주었는가보다 형에 비해, 동생에 비해 얼마나 해주었는가가 중요합니다.

완벽하게 똑같은 대우는 처음부터 불가능합니다. 어쩌면 "너희들은 다른 존재라서 엄마는 너희를 다르게 대할 거야"라는 선언이 필요할지 모릅니다. 만일 이런 선언 내신 "니희들은 다 똑같은 존재고 엄마는 너희를 똑같이 사랑해"라는 말만 반복한다면 아이들은 분명 배신감을 느낄 겁니다. 첫째가 학교 간다고 둘째도 똑같이 가방을 사줄 수는 없기 때문입니다.

"너희들은 똑같은 존재야!"라는 말을 듣고 자란 여덟 살과 다섯 살 형제를 보면 보통 이렇습니다. 다섯 살 동생은 자신이 여덟 살이라고 착각합니다. 형이 좋아하는 만화영화를 같이 보고 형이 하는 게임을 따라 하려고 합니다. 다섯 살 친구들은 시시하다고 생각하고 형 친구들과 더 놀고 싶어 합니다. 자아는 여덟 살인데 몸은 다섯 살입니다.

이런 친구들은 형에 대한 감정이 열등감으로 출발하기 쉽습니다. 항상 형이 가진 것에 예민하고 형이 가진 모든 것을 쟁취하고 싶어 합니다. 실제로 현장에서는 동생을 때리는 형보다, 당하는 형에 관한 상담이 과거에 비해 부쩍 늘고 있습니다.

어쩌면 형도 동생을 때리는 것보다는 당하는 쪽이 부모의 관심과 사랑을 유지하는 데 훨씬 좋은 전략이기 때문일지도 모르겠습니다.

형에게는 두 가지 마음이 공존합니다. 동생을 미워서 떼어놓고 싶은 마음과 형으로서 동생을 돌보고 싶은 두 가지 마음입니다. 우리는 두 가지 마음 중 돌봄의 마음을 건드려줘야 합니다. 이럴 때 가장 효과적인 방법 중 하나는 형을 육아에 참여시키는 겁니다.

"민준아, 민석이가 너무 쿵쿵 뛰어서 엄마가 힘든데, 민준이가 민석이 뛸 때 그러면 안 된다고 알려줄래?"

인정 욕구가 강한 남자아이들의 특성이 반영된 육아 요령입니다.

차별은 특정한 이유 없이 다르게 대하는 것이고, 서로 다른 이들을 다르게 대하는 것은 차이의 존중입니다. 모두를 똑같이 대하는 것보다 연령에 맞게 다르게 대하는 것, 한 명 한 명에게 잘해주기보다 서로에 대한 경험을 설계해주는 것이 중요합니다.

아이가 하나일 때와 둘 이상일 때 어려움은 다릅니다. 현장의 교사들도 비슷한 어려움을 겪습니다. 특히 아이들이 뭉쳐서 말을 잘 듣지 않기 시작하면 손쓸 방법이 없습니다. 아이 한 명 한 명을 혼자 감당하려는 마음을 버리고 구성원 모두와 함께 조직을 만든다는 생각으로 임무를 분배해보시면 좋겠습니다.

· ·

❝ 성장하는 가정을 위한 한마디 ❞

맏이가 동생을 위한 일을 할 수 있도록 이렇게 말해주세요.

"동생을 돌보는 데에 너의 도움이 필요해."

· ·

나도 모르게 자꾸
둘째를 더 예뻐하게 돼요

"일부러 그러는 건 아닌데 제가 둘째 아이를 편애하는 것 같아요. 이 문제로 부부 싸움을 할 정도예요. 저는 그냥 조금 더 어려서 신경을 쓰는 것인데, 잘못된 것일까요? 걱정이 많아요."

사연을 주신 분은 여덟 살, 다섯 살 남매의 어머니입니다. 큰아이가 아들, 작은아이가 딸인 이 가정의 어머니는 자꾸 둘째에게 마음이 더 간다고 고민을 털어놓았습니다. 어머니가 남매 중 한 명을 편애하는 것도 문제이지만, 오빠가 동생을 괴롭히고 심통 부리는 일도 함께 일어나고 있어 고민이 많은 듯했습니다.

"큰애가 자꾸 동생을 괴롭혀요. 그럼 둘째가 우니까 저는 달래주느라 더 안고 있게 돼요. 큰 아이는 그걸 보면서 편애라고 느끼고요. 악순환이에요."

저는 고민을 듣다가 이렇게 말했습니다.

"그건 편애가 아닌 것 같아요."

이야기를 털어놓던 두 아이의 어머니는 조금 놀란 듯했습니다.

"그런가요?"

"네. 약한 자녀에게 마음이 쓰이는 것은 편애가 아니라 부모가 갖는 당연한 마음인 것 같아요."

"그런데 첫째가 그걸 이해해주지 않으니까⋯."

"맞아요. 첫째를 둘째처럼 안고 다닐 수는 없잖아요?"

"네⋯. 아이 덩치도 큰걸요."

두 아이를 공정하게 대하는 것과 똑같이 대하는 것은 다릅니다. 우선 첫째와 둘째가 다른 존재라는 점을 한 번 더 상기하면 좋겠습니다. 다 큰 아이를 둘째 안고 다니듯 대할 수 없습니다.

두 아이는 엄연히 다른 존재이기 때문에 누릴 수 있는 자유도, 권한도, 책임도 전부 다릅니다. 그러다보니 우리가 주는 사랑의 방식과 종류도 아이에 따라 달라질 수밖에 없습니다.

실제 조사에서도 많은 어머니들이 자녀를 다르게 대한다고 합니다. 아이마다 성향이 다르고, 나이에 따라 민감한 것들이 달라지기 때문입니다.

문제는 다르게 대할 수밖에 없는데 똑같이 대해야 한다고 생각하는 부모님입니다.

저는 이런 모습을 잘못된 공정함이라고 이야기합니다.

아이를 사랑하는 마음의 크기를 똑같이 하되, 아이 성향에 맞춰 서로 다른 종류의 사랑을 준다고 생각해야 합니다. 동생에게 보호의 마음이라는 사랑을 준다면, 오빠에게는 존중의 마음이라는 사랑을 표현해보세요.

· ·

❝ 성장하는 가정을 위한 한마디 ❞

차별받는다고 느끼는 맏이에게는 이렇게 말해주세요.

"우리는 너와 동생에게 걸맞는 사랑을 주려고 노력하고 있어.
동생은 네가 받는 사랑의 방식은 받지 못하니까, 조금만 이해해줘."

· ·

둘째를 괴롭히는 맏이의 마음은 어떻게 달래야 할까요

여덟 살 남자아이 민준이에게는 다섯 살 여동생이 있습니다. 민준이의 눈에는 엄마가 여동생만 예뻐하는 것처럼 보여서 속상한 날이 하루이틀이 아닙니다.

"엄마한테 서운하다고 해도, 엄마는 내 말은 안 들어줘요. 나를 싫어하는 것 같아요."

만들기 과제를 하면서 민준이는 선생님에게 자신의 속마음을 내비쳤습니다.

아이들은 엄마가 "너희들은 똑같은 존재야"라고 말하면서 다르게 대하면 상처받고 화를 내기도 합니다. 처음부터 아이들에게 "너희는 성별도 다르고 성장 속도도 다르니까 엄마는 둘을 다르게 대할 거야"라고 알려주는 것이 아이들 입장에서는 받아들이기 좋습니다.

민준이 어머니와 이 문제로 상담을 하게 됐습니다. 저는 민준이에 과자나 학용품 등을 동생에게 나눠주는 역할을 주는 것도 좋은 방법이 될 수 있다고 말씀드렸습니다. 아이스크림을 줄 때 부모님이 아이들에게 각각 하나씩 주고 끝낼 게 아니라, 오빠에게 먼저 두 개를 준 다음에 동생에게 나눠줄 수 있도록 이끄는 것도 방법입니다. 행동으로 권한을 주는 것입니다.

민준이에게는 동생을 바라볼 때 두 가지 마음이 있었습니다. 하나는 경쟁자라는 인식이었고, 다른 하나는 내가 보호해야 하는 내 동생이라는 마음이었습니다.

동생이 어느 날 민준이가 아끼는 것을 망가뜨리면 전자가 활성화되고, 동생이 어린이집에서 맞고 온 것을 보게 되면 보호자의 시각이 활성화되는 것이지요.

목표는 오빠가 동생에게 무언가를 베푸는 걸 세 번 이상 경험시켜서 후자의 개념을 더 활성화시키는 겁니다. 중요한 것은 오빠가 동생을 '엄마가 낳은 아이'가 아니라, 가족 구성원으로 받아들이게 유도하는 것입니다.

'엄마가 동생 돌볼 테니 너는 알아서 혼자 해'라는 메시지를 줄 게 아니라 "동생이 요즘 화장실 가는 게 무서운가봐. 어떻게 하는 게 좋을까?" 하며 동생 육아에 참여할 수 있도록 첫째에게 역할을 나눠주세요.

만약 첫째가 느끼기에 중요하지 않은 일을 시키면 그런 과정을 거부할 수 있습니다. 아이들은 중요한 어른의 일을 해보고 싶어 하기 때문입니다.

양육자가 놓치지 말아야 할 아이 마음의 핵심은 아이 입장에서 지위가 인정될 만한 중요한 일을 맡기는 것입니다.

❝ 성장하는 가정을 위한 한마디 ❞

첫째는 둘째를 보며 때로는 불안하고 때로는 책임감을 느낍니다.
아이가 책임감과 소속감을 느낄 수 있는 역할을 주세요.

"오늘은 민준이가 동생한테 과자를 나눠줄까?"

형제가 서로 더 많이 가지려고
자주 다퉈요

"너희들, 다 같이 가지고 노는 장난감이야! 이렇게 싸우면 둘 다 안 줄 거야."

이런 말을 할 때 부모님 마음 한편에는 양보하는 아이로 키우고 싶다는 생각이 있는 듯합니다. 나쁘지 않은 생각입니다. 그러나 미숙한 아이들이 함께 노는데 소유권이 불분명한 물건이 있다면 바로 분쟁이 일어나는 것은 당연합니다.

애써 만든 장난감을 동생이 우르르 부수는데 평정심을 유지할 수 있는 형은 없습니다. 이럴 땐 명확하게 동생을 제지하고 형 것을 만지지 못하도록 부모가 정확한 조치를 취해야 형에게 안정이 옵니다.

만일 서로 양보하는 자세를 가르치겠다고 서로의 영역과 권리를 존중해주지 않는다면 성인도 참기 힘들 것입니다. 양보와 소유권 인정은 전혀 다른 영역입니다. 나의 소유가 명확해진 후에 내가 베푸는 것과 절대적인 사람이 나타나서 내 것을 강제로 나누는 것에는 차이가 있습니다. 내가 열심히 모은 재산을 누군가 억지로 빼앗아 나누려고 한다면 어떨까요? 나누는 것을 배우기보다 지키려고 애쓰는 것을 배울 확률이 높습니다.

아이들이 서로 놀다가 소유권 때문에 분쟁이 붙었다면, 양보를 강요하기보다 명확하게 이게 누구의 것인지 우선 분리해야 합니다. 사실 아이들 혼자 있으면 가지고 놀지 않던 것인데도, 누군가 있으니 괜한 소유욕을 부리는 경우가 많습니다. 정확하게 이 장난감이 누구 것인지 명확하게 해주고 나면 그제야 여유를 찾고 동생에게 나눠줄 마음이 생깁니다.

공정한 절차가 필요함을 기억해주세요.

. . . .

66 성장하는 가정을 위한 한마디 99

형제가 서로 더 많이 가지려고 다툴 때 이렇게 말해주세요.

"이 장난감은 누구 거야?"

. . . .

형이 하는 욕을
그대로 따라해요

초등학교 2학년 민준이에게는 5학년인 형이 있고, 형 친구들과 집에서 노는 시간이 종종 있습니다. 그런데 어느 날부터 민준이가 엄마 앞에서 욕을 하기 시작했습니다.

"너, 그런 말을 어디서 배웠어?"

어머니가 너무 놀라 물으니 민준이는 우쭐한 얼굴을 하며 "나이제 형아 같지?" 하고 되물었다고 합니다. "형들이 가르쳐줬어?" 물으니 민준이는 그런 것은 아니라고 고개를 저었다고 하고요.

"아이고, 형들한테 하지 말라고 해야겠네요."

제가 탄식하자 민준이의 어머니는 그래도 소용이 없는 것 같다고 걱정하는 말을 했습니다.

"하지 말라고 해도 제가 없는 곳에서는 욕을 쓰는가봐요. 무슨 수로 그걸 막겠어요."

그래도 다행인 것은 민준이도 민준이의 형과 그 친구들도 어머니가 있을 때는 욕을 쓰지 않는다는 것입니다. 저는 민준이 어머니에게 이런 방법을 제안했습니다.

"형에게 동생 문제를 한 번 상담해보면 어떨까요? '둘째가 가끔 친구들 사이에서 욕을 하는 것 같은데 어떡하면 좋을까' 하고 물어보세요."

민준이 어머니는 첫째 아이도 욕을 하는데, 어떻게 둘째에 대해 이야기를 할 수 있겠느냐고 걱정했습니다.

첫째에게 둘째가 가진 언어 습관에 관여하도록 유도하면, 둘째는 형에게 단박에 대들 것입니다. 형들 대부분은 자기는 형이니까 욕을 해도 괜찮지만 동생은 안 된다고 생각합니다.

형은 곧장 동생한테 가서 "너 쪼그만 게, 욕하고 다니지 마라" 이렇게 말할 겁니다. 그 순간 동생이 대차게 쏘아붙이겠지요.

"형이나 욕하지 마셔."

아이는 이때 누군가를 가르칠 때에는 내가 먼저 그런 행동을 하지 말아야 한다는 개념을 자연스럽게 배웁니다.

정리하자면 어머님이 첫째에게 하는 "동생이 따라 하니 욕하지 마라"보다 "동생이 욕하지 않도록 함께 지도하자"가 더 긍정적인 효과를 가져올 것입니다.

엄마가 없는 곳에서 욕을 해왔던 작은 아이는 이제 형 눈치도 보게 되니 욕을 줄일 확률 또한 높아지겠지요. 이처럼 형제 육아에는 요령과 지혜가 필요함을 기억해주세요.

❝ 성장하는 가정을 위한 한마디 ❞

동생이 형이 하는 욕을 따라 할 때, 형에게 이렇게 말해주세요.

"동생이 욕을 하기 시작했어. 어떻게 하면 좋을까?"

형제가 싸웠을 때
한쪽 편을 들어줘도 될까요

초등학교 3학년 민준이에게는 두 살 많은 형이 있습니다. 어느 날 민준이 어머니가 저에게 연락을 하셨습니다. 민준이가 부쩍 형과 자주 다투는데 아주 사소한 일이 큰 싸움으로 번진다는 것입니다. 어느 순간부터는 형과 있었던 일을 과장되게 이야기하면서 자신이 피해자라고 우기기도 했다고 합니다.

민준이의 어머니는 두 아이의 말에서 진실만을 가려 듣기 위해 애썼지만, 민준이가 성장할수록 그 진실을 가려내는 일이 점점 어려워진다고 고백했습니다.

"아이 둘을 두고 거짓과의 전쟁 같은 걸 하게 됐어요. 엄마로서 조금 버거워졌지요. 곁에서 형이 지켜보다가 화를 내면서 억울하다며 우는데, 엄마로서 한쪽 편을 들어줘도 될지에 대한 고민이 너무 깊어지니까 오히려 아무것도 못 하겠더라고요."

저는 이런 질문을 드렸습니다.

"만일 그 자리에서 '너 민준이 거짓말했지!'라고 잘못을 짚어준다면 민준이는 어떤 행동을 할까요?"

"그게 걱정이에요. 아마 절대로 인정하지 않을 거예요."

민준이의 어머니는 오히려 민준이가 자신의 거짓말을 끝까지 밀어붙이고 그걸 경험 삼아 더 큰 거짓말을 할까봐 걱정하고 있었습니다. 하지만 이 모든 상황에서 민준이의 거짓말을 눈감아주면 민준이의 형이 느낄 박탈감과 분노가 커질 것이기에, 민준이의 거짓말을 어떻게든 바로잡아야 하는 과제가 생긴 것이지요.

저는 이런 방법을 제안했습니다.

"일단 둘을 같은 자리에서 혼내지 않는 게 중요해요. 형제 사이의 다툼에서 아이들에게 중요한 건 이기고 지고가 아닐 때가 많습니다. 내가 엄마한테 얼마나 혼났느냐도 아니에요. 이 싸움에서 부모님이 누구 편을 들어주었는지가 중요해져요. 그러니 '둘다 멈춰! 그리고 방으로 한 명씩 들어와' 하시고 아이들이 한 명씩들어오면 왜 싸우게 됐는지를 물어봐주세요."

민준이가 진짜 거짓말을 했더라도 공개적으로 엄마가 형의 편을 들면 동생은 '엄마가 형 편을 들었어!'라는 분노를 느낄 것입니다.

정직함을 배워야 하는 시기에 정작 중요한 것을 익히지 못하는 경우가 있습니다. 민준이의 이야기가 바로 그 예입니다. '엄마는 누구 편이야?'라는 아이들의 프레임에서 부모님이 지혜롭게 빠져 나와야 합니다.

....

❝ 성장하는 가정을 위한 한마디 ❞

아이들끼리 다툼이 생겼을 때 한쪽 편에 서려고 하지 마세요.
한 명씩 각각 대화하는 지혜가 필요합니다. 이렇게 말해주세요.

"그만. 한 명씩 방으로 들어와."

....

5장

게임

"게임에 빠진
진짜 이유를 찾아주세요."

엄마

선생님, 저희 아이가 게임에 정말 심각하게 빠져 있어요.

어머님 걱정이 깊으시겠어요. 그런데 아이가 게임을 좋아한다고 생각하기보다는 게임 과몰입과 중독을 구분하셔야 해요.

최쌤

엄마

과몰입과 중독은 다른가요?

과몰입은 아이가 성취하기 위한 목적으로 게임을 하는 경우고요, 열심히 게임을 하다가도 어느 정도 성취를 이루고 나면 금방 빠져나오는 특성이 있어요. 그런데 중독은 현실 도피를 위해 게임을 하는 경우예요. 아이가 어떤 상황이라고 보세요?

최쌤

엄마

과몰입인 것 같아요. 그런데 그냥 두면 중독까지 갈 것 같아서 제 마음이 너무 불안해요.

지금이 딱 주의하셔야 할 때예요. 부모님이 과민 반응하기 쉬운 상황이거든요. 게임 문제만 나오면 서로 예민하게 반응하는 거요. 그러다 본격적으로 사이가 안 좋아지기 시작하면, 급격하게 게임하는 시간이 늘어나기 시작하고 통제가 불가능해져요.

최쌤

아이가 게임을
하지 않으면 좋겠어요

저는 요즘 시간이 생기면 스마트폰 게임을 합니다. 처음엔 아이들과 대화하기 위해서 시작했는데, 이제는 작은 취미가 됐습니다. 틈이 날 때나 생각이 복잡해졌을 때 게임을 합니다. 10분 정도 하면 아드레날린이 솟고, 반복해서 이기면 성취감이 느껴지면서 내가 능력 있는 사람이 됐다는 착각에도 빠집니다.

바깥에서 일이 잘 풀리지 않아 온몸 가득 나에 대한 불신이 가득 찼다가도 게임에서 작은 성공을 반복하면 구겨졌던 자존감과 자신감이 펴지는 것 같습니다. 아이가 게임을 좋아하는 이유도 저와 같을 거라고 생각합니다.

스마트폰 게임이 없던 저의 어린 시절에는 만화책이 그 자리를 대신했습니다. 만화 대여점이 한창 유행이라서 학교 끝나고 집에 들어가는 길에 혹은 학원에 가는 길에 대여점에 들러 만화책을 한참 고르곤 했습니다.

따뜻한 이부자리에서 아직 못 본 만화책 더미를 보면 얼마나 행복했는지 모릅니다. 그러나 당시 어른들은 만화책을 참 싫어했습니다. 만화책이 아이들 상상력을 제한하고 뇌를 망가뜨린다며 바이러스 취급을 했습니다. 저 역시 그런 시선에서 자유롭지 못했습니다. 친구 중에는 만화책을 가방에 숨겼다가 부모님께 걸려 책이 찢긴 경험을 한 아이도 있었습니다. 어느 학교에서는 매주 만화책을 모아 불태우는 운동도 했습니다.

그 시절 어른들에게 만화책은 바이러스를 넘어 공포가 아니었을까 싶습니다. 당시 만화책을 불태운 건 '만화책을 보지 못하고 자란 세대의 불안'입니다. 누구나 자신이 겪어보지 못한 일에 대한 거부감과 두려움이 존재합니다.

지금은 학습 만화가 문화로 자리 잡았습니다. 만화를 충분히 보고 자란 세대가 부모가 되었기 때문에, 아이들이 어린 나이에 만화를 봐도 불안해하지 않습니다.

지금 시대의 만화책은 스마트폰과 게임입니다. 어린 시절 식탁에서 스마트폰으로 〈뽀로로〉를 보지 않고 자란 우리 세대는 어린 아이가 스마트폰에 오래 시선을 두는 일에 공포가 있습니다. 심지어 게임이라니, 더 큰 공포를 느낍니다.

게임이 아이 뇌를 망가뜨리고 있다는 주장부터 '아이들의 성적이 떨어지는 가장 큰 이유가 게임 때문이다'라는 음모론도 있습니다. 물론 게임이 아이들에게 아주 매력적이라 유혹이 강하기는 합니다. 하지만 게임만 안 했더라면 우리 아이가 공부를 잘했을 거라는 부모님의 주장에는 신빙성이 거의 없습니다.

제 친구 어머니는 "우리 아들, 만화책만 아니었으면 서울대학교 갔어요"라고 말한 적도 있었습니다. 저의 친구는 정말로 만화책만 없었으면 서울대학교 학생이 됐을까요? 친구에게는 미안하지만, 그러지 못했을 것 같습니다.

오늘날 아들을 키우는 부모에게는 게임이 아들에게 미치는 영향과 그 한계에 대한 정확한 구분과 바른 인식이 필요합니다.

"너 또 총 쏘는 그런 게임하려고? 엄마가 하지 말라고 했지!"

아이가 게임을 하며 겪는 첫 번째 문제는 중독이 아니라, 욕구 조절을 바르게 하지 못한다는 것입니다. 아이의 중독성을 곁에서 차분하게 인지시켜주고 생활 습관을 개선할 수 있게 도와줘야 할 부모님이 과도한 불안을 갖게 되면 아이와 갈등이 시작됩니다. 아이를 통제하기 위해서는 먼저 자신의 마음 상태를 정확히 알아야 합니다.

불안과 불신을 갖고 아이와 갈등하면 아이는 단박에 알아차리고 저항합니다. 게다가 게임을 나쁘게 취급할 뿐 아이가 어떤 기분을 느끼는지는 들여다볼 생각을 하지 않습니다. 아이 입장에선 자신이 어떤 게임을 하는지도 모르는 엄마가 통제하는 게 부당하다고 느낍니다. 심지어 나름의 소일거리를 아주 나쁜 것이라고 몰아세우면 억울해지기도 합니다.

게임이 낯선 부모님이라면 특히 남자아이들 세계에서 게임이 어떤 의미인지 먼저 물어봐주세요. 아이 마음을 여는 시작이 될 것입니다.

· ·

❝ 성장하는 가정을 위한 한마디 ❞

아이가 게임 중독인 것 같을 때 이 정도의 말로 대화를 시작해주세요.

"엄마도(아빠도) 같이 해볼 수 있을까?"

· ·

게임하려고
자꾸 거짓말을 해요

아홉 살 민준이 어머니는 민준이가 게임에 중독됐다고 생각합니다. 친구네 집에 놀러가서 게임만 하다가 오고, 다녀와서도 게임 같은 것은 하지 않았다고 거짓말을 했다가 민준이 친구 어머니가 "애들이 우리 집에서 자꾸 게임만 한다"고 전화를 한 적이 벌써 여러 번이기 때문입니다.

민준이는 텔레비전과 스마트폰에 비교적 늦게 노출된 아이입니다. 책과 놀이, 체험 학습으로 민준이의 유아 시절이 많이 채워져 있었는 데도 불구하고, 게임을 하기 위해 친구 집에 가기도 하고 부모님에게 거짓말도 하는 것이지요.

민준이 어머니가 아이가 게임을 한다는 사실을 안 것도 굉장히 나중의 일이었습니다. 집에서는 게임을 하고 싶다는 말도 꺼내지 않았기 때문입니다.

"이걸 어떡하면 좋을까요?"

"민준이 어머님, 지킬 수 있는 규칙을 주셔야 나쁜 아이가 안 됩니다."

"초등학교 2학년 입장에서 게임은 하면 안 된다는 게 지킬 수 없는 규칙인가요?"

"네. 그럼요. 초등학교 2학년 아이들이 모여서 게임을 하는 건 매우 익숙하고 당연한 일이에요. 그런데 그럴 때마다 아이가 친구들에게 돌아서서 너희들 게임 끝나면 이야기해라, 이럴 수는 없어요."

민준이 어머니는 아이들의 세계가 있다는 말을 듣고 민준이의 입장을 조금은 헤아려보려는 것처럼 보였습니다.

저는 민준이가 어떤 게임을 하고 있는지 물었습니다.

"브, 브롤? 뭐더라…. 잘 모르겠어요."

"브롤스타즈를 하는군요."

아무래도 자라다에는 남자아이들이 많고, 그중에는 게임을 좋아하는 아이들이 압도적으로 많다보니 저 역시 그 게임을 완전히 알지는 못해도 이름을 맞힐 수 있는 정도는 됩니다.

부모님이 게임에 빠진 아이를 통제하려면 아이가 어떤 게임을 즐기고 있는지 알고 있어야 합니다.

"저는 어머님이 브롤스타즈를 한번 해보셨으면 해요."

"선생님…. 저는 게임을 정말 안 좋아하는데요."

"그래도 사랑하는 아이에게 스스로를 통제하는 법을 가르쳐주려면 직접 해보셔야 효율이 높아질 거예요."

"꼭 게임을 해야만 가르칠 수 있을까요?"

저는 이런 설명을 드렸습니다. 회사에서 일하는데 내 업무에 대해 이해도 못 하는 직장 상사가 자꾸 그만해라, 빨리 끝내라, 잔소리를 하면 마음 깊은 곳에서 반항심이 올라오는 것과 같은 이치라고요. 이해하지 못하면 안내도, 가르치는 것도 할 수 없음을 상기시켜드렸습니다.

"그럼, 얼만큼 많이 해야 하는 걸까요?"

"게임 이름, 대략적인 방식, 한 판의 개념. 특히 한 번 시작하면 한 사이클이 끝날 때까지 얼마나 걸리는지만 이해해주세요."

민준이가 하는 게임은 한 판에 대략 3분 정도가 소요됩니다. 게임을 통제할 때 이렇게 말하는 부모님이 많습니다.

"너 한 판만 해."

그런데 생각보다 그 한 판이 금방 끝납니다.

그럼 아이는 엄마 눈치를 보며 한 번 더 할지 말지 고민합니다. 이때 엄마가 아무것도 모르는 것 같다는 눈치가 들면 슬쩍 시작 버튼을 누르기 쉽습니다.

통제하기 전에 아이가 약속을 지킬 환경을 만들어주시는 게 좋

습니다. 아이가 약속을 어기는 경험을 할 때마다 통제가 힘들어
질 겁니다.

스스로 세운 규칙을 지키는 경험이 누적되면 아이는 금방 통제
능력을 배워나갈 겁니다.

❝ 성장하는 가정을 위한 한마디 ❞

무턱대고 게임을 못 하게 하는 스스로에게 이렇게 질문해주세요.

"무조건 게임을 못 하게 하는 것과
아이를 이해하는 것 둘 중 뭐가 더 중요할까?"

게임 때문에
매일 아이와 다퉈요

초등학교 5학년 민준이는 어머니와 게임 때문에 매일 갈등을 겪습니다. 민준이 어머니는 아이가 게임을 하는 것까지는 수용할 수 있지만 일상에 지장을 줄 정도로 게임에 빠져 있는 아이의 상태가 걱정된다고 했습니다.

민준이와 가족이 게임 때문에 마주하는 갈등은 저녁 식사 시간부터 시작됩니다. 민순이 어머니가 "밥 먹어" 하고 민준이를 부르면, "한 판만 더 하고 나갈게요" 하고는 가족이 식사를 마칠 때까지 방에서 나오지 않는 경우가 거의 매일이라는 것이지요.

저는 민준이 어머니에게 이렇게 질문드렸습니다.

"만일 어머님이 밥 먹으라고 했을 때 아이가 '문제 하나만 더 풀고 나갈게요'라고 한 후에 식사가 끝날 때까지 나타나지 않았다면 어떠셨을까요?"

민준이 어머니는 웃으면서 이렇게 말했습니다.

"어휴, 그럼 얼마나 좋겠어요. 제가 아이 방으로 식사를 가져다 줄 거예요."

저는 다시 질문을 드렸습니다.

"그렇다면 '엄마 이번 판만 깨고요!'라고 했다면요?"

민준이 어머니는 표정을 바꾸며 이렇게 말했습니다.

"그럼 화가 나죠."

가족이 아이와 게임 문제로 대립할 때 흔히 하는 실수가 있습니다. 게임을 지나치게 특별 대우하는 것입니다. 다른 이유였으면 화내지 않았을 상황이라면 아이는 그 상황 자체를 부당하다고 느낍니다.

'게임이 그렇게 나쁜 건가? 왜 저렇게까지 화를 내지?'

아이는 이상하다고 생각합니다. 이런 갈등은 가르침이 아닌 전형적 진흙탕 싸움을 불러옵니다.

이럴 때는 게임에 대한 특별 대우 딱지를 떼야 합니다. 예를 들어 게임 한 판을 시킬 때도 꼭 아이에게 "너 말 잘 들어서 엄마가 한 판만 시켜주는 거야"라고 말하는 습관부터 줄여나가야 합니다.

민준이 어머니와 대화가 이어졌습니다.

"선생님, 그럼 게임하도록 그냥 두나요?"

"아뇨. 그럼 그리다가 밥 먹는 시간에 늦으면 어떻게 하시나요?"

"먼저 밥 먹고 다시 그리자고 하죠."

"그래도 자리에서 안 일어나면요?"

"'엄마가 말했지? 밥 먹고 다시 하자'라고 분명하게 말해요."

"맞아요, 그런 식으로 하시면 돼요."

어떤 식으로든 분명하게 말씀하면서 아이 입장에서 게임 이야기만 나오면 자꾸 화를 낸다는 생각이 안 들도록 하는 것이 중요합니다.

아이가 어떤 게임을 하는지 이해하지 못한 상태에서는 온전히 아이를 통제하기 어렵습니다. 보통 게임 통제를 할 때 "이제 딱 한 판만 하고 그만해!"라고 합니다.

엄마가 한 판의 개념을 이해하지 못한 상태라면 아이는 고민하게 됩니다.

'어차피 엄마는 알지도 못하는데 그냥 시작 버튼 누를까? 에잇, 누르자!'

아이의 마음을 어른의 세계에 빗대어보면 회사가 적당할 것 같습니다. 실무에 대해 알지 못하는 임원이 실무자에게 "왜 이렇게 일이 안 끝나요?" 묻는다면, 잘 알지도 못하면서 트집을 잡으려는 태도로만 비칠 뿐입니다.

'잘 알지도 못하면서 트집만 잡고. 대충해버리지 뭐.'

그래서 높은 직급으로 갈수록 다양한 경험을 해서 실무를 장악할 수 있어야 하는 것이지요.

게임에 빠진 아이가 있는 가정도 마찬가지입니다. 부모님이 게임을 싫어하더라도 저는 최소한의 이해를 권합니다. 더불어 '게임은 나쁘다'는 공식에서 벗어나야 합니다. '해보니까 재미있긴 하군'이라는 마음을 가질 때 아이 역시 부모님과 소통하려는 의지를 갖게 되고, 가족이 바라보는 자신의 일상을 돌아보게 될 것입니다.

· ·

66 성장하는 가정을 위한 한마디 99

게임에 푹 빠진 아이를 다그치기 전에 스스로에게 한 번만 물어봐주세요.

"내가 게임을 너무 나쁘게만 생각하지는 않나?"

· ·

게임에 중독되기 전에
증상이 있나요

초등학교 5학년인 민준이는 집에 있다가 가족이 모두 외출하고 혼자 남으면 수시로 어머니에게 전화를 합니다. 그리고 이렇게 묻습니다.

"엄마, 언제 와?"

가족의 눈에는 민준이가 자립하지 못하고 어머니에게 집착하는 것처럼 보일 때가 한두 번이 아니라고 합니다.

민준이 어머니는 아무래도 아이가 불안해서 그런 것 같다고 했습니다. 유치원에 다닐 즈음 어머니와 시간을 충분히 보내지 못했던 것이 문제가 되어 지금까지 이어지고 있는 것은 아닌가 걱정하는 듯했습니다. 그리고 요즘은 게임에도 제법 빠져 있다고 말을 이어갔습니다.

저는 민준이의 상태를 좀 더 자세히 알기 위해 민준이가 평소에도 어머니와 떨어지기를 두려워하는지 질문했습니다.

"어머님이 집에 있을 때도 집착을 보이나요?"

"아니요. 제가 집에 있을 땐 전혀 안 그래요."

한 가지 생각이 머리를 스쳤습니다. 저는 이런 말씀을 드렸습니다.

"민준 어머님, 아셔야 할 진실이 있습니다. 초등학교 5학년쯤 되는 아들이 엄마에게 전화를 하는 이유 중 하나는 엄마의 동선 파악을 위해서입니다. 혹시 아이가 게임을 좋아하나요?"

"네. 생각해보니 제가 보고 싶어서 전화한 건 아닌 것 같기도 해요."

"집에 가시면 컴퓨터 본체에 가만히 손을 올려보세요. 따뜻할지도 모릅니다."

"맞아요. 요즘 정말 게임을 많이 하는데요, 중독되어서 그런 걸까요? 아이가 중독되기 전에 얼마만큼 빠져 있는지 알 수는 없을까요?"

양육자는 게임 과몰입과 중독을 구분해야 합니다. 과몰입은 아이가 성취하기 위한 목적으로 게임을 하는 경우입니다. 열심히 게임을 하다가 어느 정도 성취를 이루고 나면 금방 빠져나오는 특성이 있습니다. 그런데 중독은 현실 도피를 위한 수단으로 게임을 선택한 경우입니다.

게임 중독이 되기 전에 반드시 거치는 단계가 있습니다. 아이가 외로워야 합니다. 게임에 중독된 아이들은 부모님과 사이가 좋지 못한 편입니다. 부모님과 소통이 잘되고 사이가 좋은 상황에서 게임에 중독되는 아이는 없습니다.

부모와 아이가 결정적으로 사이가 안 좋아지는 경우는 양육자의 불안함이 발현됐을 때입니다. 과몰입 상태가 아니더라도 남자아이들이 게임을 찾는 모습을 지켜보면 중독자처럼 보입니다. 이걸 주의해야 합니다. 틈만 나면 게임하려는 모습이 딱 중독자 같아서 곁에서 지켜볼 때는 마음이 쿵 떨어지는 것 같습니다.

이때 양육자가 주의해야 합니다. 아이의 실제 상태를 모른 채로 양육자가 과민 반응하기 딱 좋은 상황이기 때문입니다. 예를 들어 "밥 먹어라" 했는데 아이가 늦게 나오면 화를 버럭 냅니다. 그럼 아이는 속으로 '게임 좀 하다가 늦게 나간 게 뭐가 그리 대수라고. 흥' 해버립니다. 이게 바로 중독의 씨앗이 됩니다. 게임 문제만 나오면 서로 예민하게 반응하는 일이 반복되면서 아이를 더 게임으로 향하게 만듭니다.

본격적으로 사이가 안 좋아지기 시작하면, 급격하게 게임하는 시간이 늘어나기 시작하고 통제 불능 상태에 가까워집니다.

아이가 일상을 접어두고 게임에만 빠져 있다면, 아이를 다그치기 전에 아이의 상태를 살펴봐주세요. 단지 스트레스를 풀기 위함이 아닐 수 있습니다. 또한 그동안 한 가지에 몰입했던 전적이 있었는지도 함께 기억해주세요. 만약 어느 성과를 거둔 후에 흥미를 잃은 경험을 자주 해왔다면 이번에도 게임 과몰입일 수 있음을 염두에 두고, 큰 걱정을 내비치기보다는 게임에 대해 질문하면서 관심을 갖는 대화가 필요합니다.

" 성장하는 가정을 위한 한마디 "

게임에 빠져 있다고 다그치기 전에 부모님 스스로 한 번만 질문해주세요.

"아이가 요즘 외롭지는 않았나?"

게임에 중독된 아이와
소통하는 방법이 있나요

아이가 게임에 중독되어버린 집은 양육자가 화를 낸다고 해결되지 않습니다. 그렇다고 아이를 가만히 둘 수도 없지요. 자극에 약해진 아이가 스스로 변하기는 어렵습니다.

그동안 아이가 게임을 하지 못하게 만드는 데 집중했다면, 아이가 게임을 하지 않고도 자존감을 느낄 다른 대안을 찾아줘야 합니다. 온라인에서 느꼈던 자존감을 오프라인으로 끌어내는 구체적인 작업이 필요합니다.

성취하는 과정과 결과를 좋아하는 성향을 가진 아이들이 있습니다. 남녀 모두에게 있는 남성 호르몬인 테스토스테론 자체가 이기는 것에 민감하고 승부 지향적인 면으로 이끕니다. 그러니 성취 자체를 욕망하는 것은 인간의 본능과도 맞닿아 있음을 수용해야 합니다.

앞서 설명한 것처럼 아이가 게임에 자꾸 손을 대는 이유 중 하나는 성취감을 느낄 수 있는 방법 중에 게임이 가장 쉽기 때문입니다. 그러니 이 욕구를 나쁘다고 말할 수는 없습니다. 인간의 본능으로서 정당하기 때문입니다. 다만 그 장소가 온라인에 국한되어 있다는 것이 아쉽습니다.

아이의 성취욕이 온라인에만 머물지 않길 바란다면 온라인 공간에서 즐기는 것들을 오프라인으로 옮기는 작업을 해야 합니다.

축구 게임에 빠진 아이에게는 운동장에서 직접 게임에 나오는 기술들을 해보게 하는 방법도 있습니다. 땀을 잔뜩 흘려가면서요. 총 쏘는 게임을 좋아하는 아이라면 종이에 같이 총을 그려보는 겁니다. 여건이 되면 박스를 잘라서 만들어보면 더 좋을 것입니다. 총을 살짝 공부해보면 알게 되겠지만, 역사와 영어를 함께 공부하기 좋습니다.

무엇인가를 함께 만드는 활동은 그 자체로 미술이 됩니다.

"우리 뭘 그려볼까?"

"우리 뭘 만들어볼까?"

아이가 좋아하는 관심사를 같이 그려보고 이야기를 나누면 아이가 신나서 설명하기 시작할 것입니다. 여기에 두 가지 효과가 있습니다. 양육자와 가까워지고 일상에서 성공을 경험하게 됩니다.

게임에 거부감이 있는 어른은 아이가 게임하는 시간을 어떻게 줄일까 고민합니다. 하지만 진짜 고민해야 할 것은 게임하지 않는 시간의 질을 어떻게 향상시킬까일 것입니다.

❝ 성장하는 가정을 위한 한마디 ❞

게임을 못마땅하게 여기기 전에 자신에게 이렇게 질문해주세요.

"저 게임의 매력을 현실로 이끌어낸다면 함께 뭘 할 수 있을까?"

남자아이가 게임에
더 쉽게 중독되는 이유가 있나요

    게임 중독으로 상담을 받는 사람들 100명 중 98명은 남성이라고 합니다. 왜 그런 걸까요? 남자아이들 특유의 목표 지향적 성향 때문이기도 하지만 게임 말고는 자신의 존재 가치를 입증하기 힘든 무기력한 상황이 주된 이유라고 생각합니다.

    한 초등학교 선생님은 '6학년이 되면 기대되는 것 발표하기 수업'에서 5학년 남자아이가 한 말을 들려줬습니다.

    "저희는 더 열등해지고 여자아이들은 더 뛰어나지겠죠."

    실제로 국제학업성취도 평가 점수와 국가수준성취도 점수 등 통계 자료를 봐도 남자아이들이 여자아이들에 비해 자존감을 찾을 만한 영역이 상대적으로 적음을 알 수 있습니다. 남자아이들의 무기력증과 게임에 빠질 확률은 유의미한 관계로 보입니다. 그러니까 '게임이 문제'가 아니라, '현실에서 멋지지 못한 나'가 진짜 문제입니다. 게임에 빠진 아이들을 만나면 게임에 나오는 캐릭터와 그들이 쓰는 무기를 함께 만들어봅니다. 여기서 전달하고자 하는 메시지는 '네가 좋아하던 것들을 오프라인에서도 할 수 있어. 넌 실제로도 무엇이든 이룰 수 있어'라는 믿음입니다. 이렇게 하면 아이들은 금방 열정적으로 변합니다.

'게임하지 말고 공부 좀 해!'라는 메시지는 받아들이기 힘들어하는 아이들도 '게임에서 나온 것들을 종이에 그리고 만들어보자' 혹은 '게임에 나온 영어들을 같이 정리해보자' 하면 좋아합니다.

아이가 게임이 아닌 현실에서도 자신의 가치를 입증할 수 있게 돕는 것이 더 본질적인 방향입니다. 질문을 이렇게 바꿔주세요.

'어떡하면 게임하지 않는 시간 동안 우리 아이 자존감이 높아질까?'

질문이 옳아야 문제가 풀립니다.

- -

66 성장하는 가정을 위한 한마디 99

게임 이외에는 자신의 의미를 찾지 못한 아이에게 이런 말을 해주세요.

"누구에게나 재능과 가능성이 있어. 우리 그걸 찾아보자."

- -

6장

공부

"성적이 아닌, 성장을 말해주세요."

엄마

선생님, 아이가 하겠다고 말만 하고 공부를 안 합니다. 약속을 안 지켜요. 아무래도 적당히 말로만 하니까 안 되는 것 같은데, 제대로 혼을 좀 내야 할까요?

그래봐야 자존감만 떨어질 뿐, 큰 효과는 없을 겁니다.

최쌤

엄마

그럼 어떻게 해야 하나요?

아이가 공부를 해야겠다는 생각은 하나요?

최쌤

엄마

네, 자기도 공부해야 한다는 건 안다고 말은 하는데 실천을 안 해요. 이 악물고 해야 하는데 그걸 못하네요.

진짜 문제는 스스로 해도 안 될 거라는 깊은 믿음 때문일 거예요. 상당수 아이들은 입으로는 해야 한다 하면서도 속으로는 '될까?'라는 마음을 갖고 있습니다. 결국 자신에 대한 믿음을 찾아야 하는 문제일 수 있답니다.

최쌤

아이가 성적을 올리겠다고
약속만 하고 행동하지 않아요

아이는 무언가를 강요받으면 방어기제가 생깁니다. 책상 앞에 앉았는데 엄마가 "공부해!" 하면 공부 의욕이 뚝 떨어지는 이유와도 같습니다.

물론 방어기제가 발생해도 가르쳐야 할 것이 있으면 명확히 가르쳐야 합니다만, 어떤 영역은 역효과가 납니다.

자칫 공부를 강요했다가 학습 자체에 깅힌 거부감을 갖기 일쑤고, 바둑 영재로 태어난 아이를 가르치려다 바둑 자체를 싫어하게 만들기도 합니다. 아이를 잘 가르치기에 앞서, 어떤 것을 가르치면 안 되는지 아는 일은 매우 중요합니다.

예를 들어 먹는 것, 배우는 것, 사랑하는 것 세 가지는 강요하거나 가르칠 수 없습니다. 먹지 않고 돌아다니는 아이에게 "식사 시간에는 자리에 앉아야 하는 거야"라고 가르칠 수는 있지만 맛있게 먹는 방법을 가르칠 수 없는 것과 같습니다. 교육자, 양육자가 아이가 음식을 좋아할 수 있게 환경을 만들어주고, 먹는 방법을 알려주는 것이 전부입니다. 이것은 동기부여에 해당됩니다. 이렇게 동기부여가 필요한 영역에 교육자, 양육자의 강압적 태도가 섞이면 그때부터 교육은 이뤄지지 않습니다. 갈등이 시작됩니다.

그렇다고 해서 아무것도 하지 않으려는 아이를 가만히 바라만 볼 수는 없습니다. 지켜본다고 해서 아이가 바르게 성장하지는 않기 때문입니다. 아이에게 전부를 맡겨두면 방임이 됩니다. 이 구분이 참 어렵습니다. 방임과 강요가 아닌, 아이를 성장시키기 위한 다른 무언가가 필요합니다.

자녀를 둔 가정에서 가장 큰 고민은 아마도 성적일 것입니다.

약속만 하고 공부를 하지 않는 아이에 대한 문제를 묻는 분들에게 저는 이런 이야기를 드리곤 합니다.

"대부분의 아이들은 자신의 성적이 오를 거라 믿지 않습니다."

제가 아이들을 만나며 알게 된 게 있습니다. 성적을 올리는 일은 자존감과 아주 깊은 연관이 있습니다. 성적이 좋지 않은 아이들 마음 깊은 곳에는 진심으로 성적을 올려야겠다는 의지가 없습니다. 입버릇처럼 최선을 다해야 한다고, 최선을 다하고 있다고 말하며 죄책감을 누르는 이중적인 생활을 합니다.

아이는 자신의 상태를 상대방이 잘 모를 거라고 생각합니다. 아이의 학업을 가까이에서 지켜보는 교사는 부모님보다 더 빠르고 정확하게 아이의 진심을 알고 있지만, 더 큰 갈등을 피하기 위해 내색하지 않습니다. 가끔씩 아이를 위한다는 이유나 바른 길로 인도한다는 핑계로 야단을 칠 뿐입니다. 그때마다 어른들은 착각을 합니다. 호되게 말했으니 아이가 변할 거라고.

정작 그 교사 역시 누군가에게 호되게 지적받는다 해도 변하기 어려울 것입니다. 사람은 타인을 통해 변하기가 어렵습니다. 아이를 변화시키려고 마음먹는 순간 교육은 틀어지기 시작합니다. 호되게 말하는 순간 아이가 반감을 갖기 때문입니다. 혹은 자신을 죄책감의 수렁으로 밀어 넣기도 합니다.

'선생님이, 부모님이 저렇게 노력하는데 나는 왜 이럴까?'

아이가 열심히 하겠다고 약속은 하지만 실제로 행동에 옮기지 않고 있어서 답답하다면 이런 조언을 드리고 싶습니다. 아이는 지금 스스로 무엇인가를 이룰 수 있다고 믿지 못하는 상태입니다. 내가 노력하면 해낼 수 있음을 경험해본 아이는 해내고 맙니다. 찬장 위에 숨겨신 스마트폰을 몰래 꺼낼 수 있다고 믿는 아이는 '저거 언젠간 꺼내야 하는데'라고 생각할 시간에 움직입니다.

아이가 입으로는 해야 한다고 말하면서 실제로 움직이지 않는 가장 큰 이유는 자신에 대한 믿음 부족입니다. 살을 빼겠다고 말하면서 케이크를 먹는 성인의 심리와 유사합니다. 노력하면 살이 빠진다는 이야기는 익히 들어서 알고 있지만 와닿지 않습니다. 노력을 안 했던 것이 아니라 노력해도 빠지지 않았던 경험이 반복됐기 때문입니다.

반대로 다이어트에 제대로 성공했던 사람들의 특징은 노력해서 빼본 경험이 있습니다. 어느 정도 노력하면 어느 정도 감량이 가능한지 감각을 가지고 있는 겁니다. 이런 사람들은 진짜 노력을 하고 목표를 성취로 만들어냅니다.

무언가를 해내는 사람들의 성공 요인은 호된 잔소리와 허벅지를 꼬집는 정신력이 아닙니다.

회사에서 사장이 호통친다고 회사 매출이 올라가지 않습니다. 방향과 목표가 바르게 서야 하고 조직원들이 목표가 이뤄질 거라고 강하게 믿어야 합니다. 성적이 오르는 아이는 엉덩이 싸움을 한다며 인내심을 갖고 이것까지 하면 이번엔 80점, 여기까지 하면 85점, 저기까지 해내면 90점이라는 명확한 감각과 믿음을 가졌습니다. 이 믿음이 원동력이 됩니다.

인간의 믿음에는 무서운 힘이 있습니다. 아이가 스스로를 믿지 못하면 원하는 만큼 성적이 오르는 놀라운 일은 일어나지 않습니다. 그 믿음은 부모가 말로 심어줄 수 있는 것이 아닙니다. 우리가 할 수 있는 것은 지지 정도입니다. 결국 무언가를 성취하는 일은 아이의 몫입니다.

믿음은 경험을 통해 확고해집니다. 내가 겪은 사건이 결국 큰

허들을 넘고 진짜 노력을 하게 되는 동기가 됩니다. 아이가 성적을 올리기 위한 진심 어린 노력을 하려면 '아, 정말 하면 되는구나!' 하는 경험이 필요합니다.

어느 정도 노력하면 어느 정도의 성취를 이룰 수 있을 거라는 감각도 필요합니다. 이 감각이 무언가를 지속하는 힘입니다.

성장할 수 있다는 믿음과 감각을 찾은 아이들은 인생의 핸들을 잡고 자립해나갑니다.

반대로 성적을 올렸어도 자신의 의지 없이 타인이 짜준 계획표대로 훈련을 받아온 친구들은, 결국 대학 입시 후에 인생을 시작합니다.

노력으로 의미 있는 성과를 거둔 아이는 스스로를 믿게 됩니다. 반대로 노력해도 되지 않는 아이는 자신을 믿지 않는 연쇄적인 자존감 하락 구간에 들어갑니다. 아이 공부가 답답하다고 아이를 압박하고 소리지르는 일이 실제로는 전혀 도움이 되지 않는 명확한 이유입니다.

. . . .

❝ 성장하는 가정을 위한 한마디 ❞

성적을 올려야 하는 아이에게 꾸중 대신 이렇게 말해주세요.

"성적은 사실 중요하지 않아. 네가 성장하는 것 한 가지만 생각하자."

. . . .

제가 아이를
바꿀 수 있다고 믿어요

제 어머니는 인생 후반부를 공부방 선생님으로 매진했습니다. 저도 덩달아 20대의 대부분을 엄마의 공부방에서 보냈습니다. 띠동갑인 동생을 포함해 열 명 남짓한 아이들이 좁디좁은 부엌에서 복작거렸습니다. 초등학교 2학년부터 고등학교 3학년까지 모여 '열공'을 했습니다.

어머니는 동네에서 아이들 성적을 월등하게 바꾸는 미다스의 손으로 유명했습니다. 열악한 작은 빌라의 공부방에 들어오고 싶어서 아이들이 줄을 서는 기현상이 생길 정도였습니다.

하지만 어머니에게도 어려운 아이들이 몇 있었습니다. 그 아이들 역시 생활을 통제받으면서 성적이 어느 정도까지는 올랐지만 한계를 보였습니다. 어머니는 그 아이들을 위해 밤마다 많은 고민을 했고, 포기하지 않고 끝까지 좋은 성적을 스스로 만드는 경험을 하도록 돕겠다는 일념으로 오랜 시간을 쏟았습니다. 하지만 끝내 어머니가 목표하던 수준까지는 닿지 못했습니다.

본인이 아이들에게 변화를 줄 수 있다고 믿었던, 자신을 유능하다고 생각했던 어머니는 언젠가부터 아이들에게 화를 냈습니다. 공부방 초창기에는 없던 모습이었습니다. 당신의 신화 같은 성공은 자신의 교육법에 확신을 갖게 했고, 그럴수록 아이들은 힘들어했습니다. 어머니의 교육법은 초등학교에 다니는 아이들에게 가장 큰 영향력을 발휘했습니다. 중학교와 고등학교로 학년이 올라갈수록 공부방 효과는 시들해졌습니다.

제가 어머니의 공부방을 가까이서 보고, 아이를 가르치는 일을 하면서 깨달은 교육자의 흔한 실수가 있습니다. 자신이 아이를 바꿀 수 있다고 믿는 겁니다.

특히 아이가 어릴 땐 조금만 노력해도 변하는 모습이 확확 보이니 교육자로 하여금 아이를 바꿀 수 있다는 확신을 갖게 합니다. 그러나 조금만 멀리 내다보는 안목을 갖는다면 결국 이이들이 타고난 영역, 혹은 스스로 정한 영역을 넘지 못함을 알게 됩니다. 대한민국 학원가를 바라보면 금방 알 수 있습니다.

저는 여러 인연으로 대한민국에서 내로라하는 입시 학원 원장님들과 만날 일이 많은데, 그분들과 이야기해보면 교육법, 학습

법이 아무리 좋아도 성향 바꾸는 일은 정말 어렵다고 느끼게 됩니다. 종종 이런 대화를 지켜보게 되기 때문입니다.

"원장님 학원에서 전교 1등하는 아이가 나왔다면서요. 비결이 뭐예요?"

"사실 그 아이는 집에서 혼자 해도 잘할 거예요."

배움을 열망하는 아이들에게 효과적인 교육은 이미 차고 넘칩니다. 교육자가 잘 가르쳐서 성적이 올라갈 수 있는 수준은 정해져 있습니다. 그 수준에 닿고 나면 교육자의 뛰어남으로는 해결이 안 되는 시기가 금방 옵니다.

교육자 모두가 입 밖으로 내뱉지 않는 진실이 있습니다. 성적은 아이의 타고난 자질에 달려 있다는 사실입니다. 물론 그렇다고 포기하자는 말이 아닙니다. 아이를 바꾸려고 덤비면 만만치 않은 저항을 받게 된다는 사실을 기억하자는 것입니다. 우리가 저지르는 가장 큰 실수는 좋은 것을 주기 위해 아이를 바꾸려는 마음인데, 이게 아이에겐 공격으로 느껴질 수 있다는 겁니다.

변화는 아이 안에서 이뤄져야만 의미가 있습니다. 만일 이 책을 읽는 독자분이 누군가를 변화시킨 경험이 있다면 그것은 당신 때문이 아니라, 스스로 변화하고자 하던 찰나에 당신에게서 힌트를 얻었기 때문일 것입니다.

결론적으로 아이는 변화할 수 있습니다. 그것은 오로지 아이가 마음먹을 때만 가능합니다. 아이를 변화시키고 싶다면 변화시키기 위해 휘둘렀던 당근과 채찍, 보상과 협박을 내려놓아야 합니다. 왜 해야 하는지에 대한 근본적인 이유와 배우는 재미로 아이를 성장시키는 방법을 찾아야 합니다.

지금껏 현장에서 아이들이 저에게 주었던 가장 큰 가르침은 아이는 키우는 대로 자라지 않는다는 사실입니다. 지금 누군가를 가르치기 위해 준비하고 있다면, 언제나 제1원칙은 교육자의 한계를 인식하는 것임을 기억하기 바랍니다.

만일 아이의 기질마저도 변화시킬 수 있겠다는 희망에 사로잡혀 있다면 조용히 말씀드리고 싶습니다. 죄송하지만, 아이는 그렇게 휙휙 바꿀 수 있는 존재가 아닙니다.

. . . .

66 성장하는 가정을 위한 한마디 99

아이를 더 강하게 지적해야 변할 거라 믿는
스스로에게 이렇게 말해주세요.

"지적만으로는 아이를 바꿀 수 없다."

. . . .

천하태평 우리 아들,
불안함을 느끼지 않아요

"저희 아이는 지각해도 천하태평이에요. 숙제 안 해도 늦게까지 게임하고 잘 놀고요. 저라면 불안할 텐데…."

상담을 받다보면 학교 숙제와 성적에 긴장감이 없는 아들 때문에 불안한 어머님들을 많이 만나게 됩니다. 그럴 때 저는 종종 "자녀 교육의 목표가 아이의 행복이라면 이 아이는 그걸 상당히 많이 이룬 것 같습니다"라고 농담합니다.

낙천적이기만 한 남자아이들은 수행 평가, 준비물 챙기기, 숙제 등에서 좋은 성적을 내지 못하는 양상을 보입니다. 예전에 제 어머니는 "민준아, 너 이렇게 숙제 안 하고 놀면 불안해서 재미없지 않니? 차라리 다 하고 놀자"라고 말씀하셨는데 저는 숙제 안

하고 놀아도 전혀 불안하지 않았습니다. 마찬가지로 현장에서도 '불안함을 모르는 낙천적인' 남자아이들을 많이 만납니다. 아마도 남자는 여자보다 모든 것을 망각하고 놀 수 있는 특수한 장치가 뇌에 있나봅니다.

여자아이들은 좀 다릅니다. 치열하게 노력하게 되는 동기가 대부분 불안에서 옵니다. 내가 연필을 놓는 순간 몇 명이 나를 앞지를까 하는 불안, 숙제를 안 해가면 다른 사람들이 나를 어떻게 볼까 하는 불안이 때때로 동력이 되고 결실로 이어집니다. 이런 아이들에게는 불안을 자극하는 말을 몇 마디만 던져주면 급격하게 노력하는 모습을 볼 수 있습니다. 그래서 '여성은 거울을 볼 때 부족한 부분을 보고, 남성은 자신의 멋진 부분만 본다'는 말이 있나봅니다.

그러다보니 엄마가 아들에게 "너 이렇게 숙제 안 하고 놀면 불안하지 않니?"라고 물어도 효과가 별로 없을 때가 많습니다. 가슴속 깊은 곳의 동기 메커니즘이 다른 겁니다. 그럼 남자아이들을 움직이는 동력은 무엇일까요? 무언가 정해지지 않으면 불안한 마음을 느끼는 자리에 무엇이 들어 있을까요?

불안하지 않은 아들을 조금만 관찰해보면 그 자리에 '자신에 대한 이상', 다른 말로 '허세'가 들어 있습니다. 그래서 "불안하지 않니?"라는 말보다 "너 이거 얼마나 빨리 해낼 수 있니?"라고 묻는 것이 효과적입니다.

예를 들어 다음의 두 말 중 효과가 좋은 말을 찾아보겠습니다.

"장난감 안 치우고 자꾸 어지르면 혼난다!"

"혹시 이거 몇 초 만에 치울 수 있니?"

아들에게 더 효과적인 말은 무엇일까요? 대부분의 남자아이들은 자신이 조금만 노력하면 잘될 것 같은 착각과 허세 속에서 살고 있습니다. 실제 연구 결과를 살펴보면 존재하지 않는 가짜 수학 개념 등을 만들어 '혹시 너는 이걸 이해하니?'라는 질문을 할 경우에 이해한다고 답변한 아이들 대부분이 남자아이였다고 합니다.

허세는 스스로에 대한 이상이 높아서 생기는 문제입니다. 그렇다보니 아들은 '내가 생각하는 나와 실제의 나'의 차이에서 괴로움을 많이 느낍니다. 아이 역시 자신의 낙천성이 어느 정도는 왜곡되었다는 것을 알고는 있을 것입니다. 하지만 뫼비우스의 띠처럼 '잘 될 거야' 하는 낙천성이 걱정을 밀어내는 것이지요.

성별로 성향 차이를 설명했지만 예외도 있습니다. 어떤 남자아이는 불안이 높아서 쓸데없는 불안을 낮춰줘야지만 무언가에 몰입할 수 있습니다. 반대로 여자아이 중에서도 불안을 전혀 느끼지 못하는 아이들도 있습니다.

동기는 타인에게 잘보이고 싶은 마음(소속감), 자기만족과 성취를 지향하는 마음(자아실현), 자신이 안 좋은 상황으로 떨어질 것 같은 마음(불안), 다른 경쟁자보다 못하다고 생각되는 마음(열등감) 등에서 비롯됩니다.

아이를 효율적으로 성장시키고자 하는 교육자라면 아이 가슴 속에 가장 강한 동기가 무엇일지 파악할 수 있어야 합니다.

불안을 전혀 못 느끼는 천하태평형 아들에게 "너 이러면 불안하지 않니?"라고 해봐야 효과가 없는 이유이고, 이미 불안이 가득한 아이에게 가서 "이번 시험 잘보면 뭐 사줄게" 해봐야 안정이 오지 않는 이유입니다.

· ·

❝ 성장하는 가정을 위한 한마디 ❞

아이에게 "불안하지 않니?"라는 질문 대신 이렇게 말해주세요.

"정말로 해낼 수 있어?"

· ·

아들이 자꾸
허세를 부려요

"저희 아이는 정말 허세가 있어요. 맨날 자기가 하기 어려운 걸할 수 있다고 우긴다니까요? 이러다가 상처 받을까봐 걱정이에요. 어떡하면 이 허세를 없앨 수 있을까요?"

많은 부모님들이 지나치게 큰 꿈 때문에 아이가 상처받을까봐두려워합니다. 고민 끝에 이런 말을 하는 경우도 있습니다.

"그냥, 평범하게 살아. 남들에게 폐 끼치지 말고 살면 되는 거야. 우리는 네가 대단한 사람이 되기를 원하지는 않아."

아이의 조바심이 걱정되어 한 이 말은, 아이에게 정말로 상처가 됩니다. 아이가 현실보다 높은 목표를 갖는 것을 좋아하는 성향이라면, 주의해야 할 말이기도 합니다.

'가족이 나에게 기대하지 않는 건, 나를 무시하는 걸까? 아니면 내게 정말 가능성이 없는 건가?'

고민에 빠집니다. 어떤 교육자, 양육자는 아이에게 기대하는 것 자체가 문제라고 생각합니다. 그러나 불안이 행동의 동기가 되지 않는 상당수 아들에게는 자신이 잘될 거라는 믿음이 세상을 열심히 사는 데 큰 동력이 됩니다.

저도 그런 아이 중 하나였습니다. 누군가가 저를 비난하거나 부족한 점을 나열하면 귀를 닫고 듣지 않았습니다. 그런데 행여나 엄마나 선생님이 제가 잘될 가능성에 대해 이야기를 해주면 귀를 번쩍 열었습니다. 말 한마디 한마디를 귀담아듣고 곱씹으며 잘될 거라는 믿음을 가졌던 기억이 납니다.

대학생 시절, 독일에서 온 교수님이 제게 "지금보다 더 크고 기괴한 생각을 해봐도 좋을 것 같아요"라고 했습니다. 그 교수님은 해당 과제에서 조금 더 큰 생각을 해보라는 조언이었는데, 저는 그 이야기를 '너는 특별해서 큰일을 할 사람이다'라는 말로 해석했습니다. 그 생각은 20대 중반에 남들이 가지 않은 길을 가는 데 큰 동력이 되었습니다. 그렇게 시간이 쌓이다보니 자라다에서 아주 많은 아들들과 함께하고 있습니다.

누군가가 어떤 일을 해내기 위해서 꼭 필요한 것 두 가지를 이야기 하라면, 반드시 목표를 이룰 것이라고 굳게 자신을 믿는 마음과 현실감각입니다.

현실적인 엄마가 허세 가득한 아들을 바라보면 단박에 저 허세를 꺾어버리고 싶은 욕구가 들겠지만, 현실감각만 가득해서는 아무것도 이룰 수 없습니다. 사람이 위대한 이유는 불가능한 것을 상상하는 능력에 있습니다. 아들 녀석이 세상에서 영향력 있는 사람이 될 것이라는 가능성을 눈곱만큼도 찾기 힘들 때가 있겠지만 이렇게 말해주면 좋겠습니다.

"아들, 넌 나중에 반드시 잘될 거야. 하지만 지금은 아니야."

"너는 네가 생각한 일을 반드시 해낼 수 있을 거란다. 그러나 지금 당장은 아니야."

아이에게 기대를 걸 때는 항상 먼 미래를 언급해야 합니다. 긍정적인 메시지를 담은 말은 아이 가슴에 하나의 씨앗이 됩니다. 위대한 일을 해낼 수도 있고 그러지 못할 수도 있습니다. 지금 당장의 과제를 해결할 때 '하기 싫다, 할 수 없다'는 부정적인 생각을 거두는 데도 도움이 됩니다. 아이의 허세를 잘 이용해주세요. 지혜가 필요합니다.

- -

66 성장하는 가정을 위한 한마디 99

자신의 한계를 모르고 허세 부리는 아들에게 한마디만 해주세요.

"아들, 넌 나중에 반드시 잘될 거야. 다만 지금은 아니야."

- -

아이가 자기 수준에
맞지 않는 걸 하겠다고 우겨요

여덟 살 민준이가 자꾸 6학년 형이 만든 미술 작품을 보며 자신도 할 수 있다고 허세를 부립니다.

"내가 형보다 잘하는데!"

형이 몇 주에 걸쳐 만든 로봇을 보아도, 그림을 보아도, 민준이는 한결같이 반응합니다.

"나도 할 수 있는데!"

"에이, 이게 뭐야. 내가 더 잘 하는데!"

그런데 이런 말은 민준이뿐 아니라 많은 남자아이들이 자기 가슴에 품은 말입니다. 자신의 한계를 제대로 알지 못하고 도전하는 말을 많이 뱉습니다. 그러다가 정말로 도전하게 되기도 합니다. 이때 현실을 깨닫고 눈물을 보이거나 주어진 과제를 끝맺지 못하는 모습을 보입니다.

교육자 입장에선 곤혹스러운 상황입니다. 그래서 가끔은 자신의 진짜 실력을 알게 하는 교육에서 도움을 받지 못하는 아이들에게 대단한 작품을 보여줘야 하는 순간이 부담스럽습니다. 그래서 아이 수준보다 높은 작품은 아예 보여주지 않는 것이 현명하지 않나 하는 생각이 들기도 합니다.

하지만 교육은 늘 성장을 지향해야 합니다. 아이가 그저 괴롭지 않길 바라는 마음만으론 아이를 성장시킬 수 없습니다. 아이가 성장하기 위해선 가슴에 이상을 품을 수 있도록 도와야 합니다. 아이의 자존감이 좌절로 얼룩지지 않도록 이렇게 말해주곤 합니다.

"너도 언젠가는 할 수 있어. 그런데 지금은 아니야."

허세 가득한 아이에게 따라하기 힘든 수준의 그림을 보여주는 일은 마음에 동기를 불러일으키므로 유익합니다. 멋진 그림을 보여주고 아이 입에서 해보겠다는 말을 들어야, 그 목표를 아이 능력에 맞게 재분배해줄 수 있습니다.

이때 현실감각을 부여할 수 있습니다. 꿈꾸지 않는 아이를 가르칠 방법이 없고, 현실감각이 없는 아이가 실패를 경험하지 않도록 도울 방법이 없기 때문입니다.

허세 가득한 아들에게 현실감각 키워주기는 무언가를 지속할 수 있도록 돕는 중요한 힘입니다. 아이가 해보고 싶은 것이 있다고 씩씩하게 마음을 열었을 때 결과가 실패로 이어지게 되는 경험이 누적되면, 어려운 일은 아예 시도하지 않는 아이로 빠르게 변해가기 시작합니다. 짧은 시간 연속적으로 경험한 실패만큼 아이 자존감을 빠르게 떨어뜨리는 일도 없기에 우리는 이상을 품는 법만큼이나 현실감각을 키워주는 일이 중요합니다.

교육자의 역할 중 하나는 아이의 비현실적인 목표를 현실적으로 재분배하고 조절해주는 것입니다. 그냥 두면 아이가 실패의 경험만 축적할 가능성이 있으니, 현실 가능한 목표로 재조정하는 지혜가 필요합니다.

만약 아이가 초등학교 1학년인데 열 살 터울인 형이 만든 작품이나 그림보다 잘할 수 있다고 자꾸 말한다면, 아이에게 나이를 주지시켜주는 방식이 도움이 됩니다.

"형은 고등학생이고, 너는 여덟 살이야. 형은 네 나이 때 이런 만들기는 커녕 그림도 그리기 어려워했어."

종종 승부욕이 있는 친구들은 아빠, 형 가르지 않고 무조건 경쟁하려 듭니다. 상대방의 나이와 지금껏 노력해온 세월은 새까맣게 잊은 채 같은 선상에서 경쟁하려고 하는 것입니다. 이럴 땐 나이를 빨리 구분해주면 좀 나아집니다. 이 나이 구분으로 아이가 보지 못하는 면을 볼 수 있도록 해줍니다.

그리고 결과물이 원래의 목표보다 소박하더라도 "이정도면 네

나이에 정말 잘한 거야" 하고 칭찬해주면서 목표를 하향 조정해
야 합니다. 아이가 자기 목표 크기를 줄이고, 그 대신 지속적으로
성공할 수 있는 경험을 주는 것입니다.

아이의 허세는 단지 자신에 대한 믿음, 과시 때문에 생겨나는
것만은 아닙니다. 가장 가까운 사람들에게 인정받고 싶고, 자신
을 통해 가족이 웃는 것을 보고 싶은 욕구도 함께합니다. 그러니
무턱대고 실력을 적나라하게 말하며 "꿈 깨!"라고 말하는 것만
큼 폭력적인 말도 없을 것입니다. "아직은 아니지만, 가능성이 있
어"라는 말로 응원하고 함께해주세요. 허세가 원동력이 되어 언
젠가는 정말 해내고 마는 아들로 성장해 있을 것입니다.

- -

66 성장하는 가정을 위한 한마디 99

자기 실력을 아직 모르는 상태에서
"더 잘할 수 있다"고 말하는 아들에게 이렇게 말해주세요.

"너도 언젠가는 잘할 거야."

- -

새로운 건
일단 못 한다고 말해요

　자신이 할 수 없는 일을 할 수 있다고 고집을 피우는 아이가 있
는가 하면, 자신이 할 수 없다는 생각으로 마음이 꽉 찬 아이도
있습니다.

　일곱 살 민준이가 그렇습니다. 그림 그리기, 만들기, 한글 쓰기
도 모두 거부하는 민준이가 걱정이 된 민준이 어머니와 잠시 이
야기를 나눴습니다. 저는 민준이의 최근 상태를 듣다가 이런 질
문을 드렸습니다.

　"민준이가 잘하는 것은 뭔가요?"

　민준이 어머니는 조금 무안해하며 이렇게 말했습니다.

　"웃는 거요."

"멋진 아들인데요! 아이가 주로 어떤 상황에서 포기하나요?"

"혼자 있을 때는 이것저것 해요. 그런데 새로운 걸 할 때 누가 곁에 있거나 새로운 사람이 있으면 안 해요."

그동안 자라다를 통해 만난 아이들을 기억해보면 시도를 거부하는 아들들의 대표적인 성향이 있습니다. 타인이 자신을 평가하는 데 민감합니다.

예를 들어 그림을 그리는 데 누군가의 평가가 부담스러우면 손에 붓이든 색연필이든 쥐어줘도 금방 놓아버립니다. 정확히 말하면 자신이 잘할 수 있겠다는 확신이 들기 전까지는 행동하려 들지 않습니다. 혼자 있을 때 오히려 종종 뭔가를 하는 아이라면 더욱 그런 기질을 갖고 있다고 보아도 좋습니다.

이런 성향을 가진 친구에게 그림을 그려보게 해야 한다면, 누군가가 평가할 수 없는 추상적인 것을 그려보라고 권합니다. 토네이도, 파도, 바람 같은 것들이 대표적인 단어가 될 수 있습니다. 잘하다와 못하다의 경계가 없어지는 낙서를 해보게 하는 것이 도움이 됩니다.

이 방법은 조금 생소할 수도 있습니다. 이러한 상황은 아이에게 다음과 같은 메시지를 전달할 수 있습니다.

'우리는 너를 지적하거나 평가하려는 게 아니야. 그냥 함께하려는 거야.'

이런 신뢰가 먼저 쌓여야 이 아이는 그 다음의 가르침과 교육에 관심을 갖습니다.

신기하게도 이 성향을 가진 아이 대부분은, 토네이도 같은 회오리를 한 번 신나게 그리고 나면 그 다음의 그림들을 그려나갑니다. 사물, 동물 가리지 않습니다. 낙서 자체에 특별한 힘이 있어서가 아니라, 아이가 지금의 상황을 신뢰하고 상대방인 어른을 신뢰하기 시작했다는 신호로 받아들이면 됩니다.

누군가의 기대나 사회적인 기준에 자신의 실력이 미치지 못할까봐 겁을 먹는 아이의 감정은 허세의 반대편에 있는 것처럼 보입니다. 열등감 같은 것 말입니다. 하지만 아주 미묘하게, 이 감정은 허세와도 맞닿아 있습니다. '할 수 있어야 하는데!'라는 압박감을 가졌기 때문입니다.

열등감과 허세는 때때로 비슷한 선상에 있습니다. 이 감정은 아이를 발전시키기도 하지만, 이 때문에 새로운 일에 도전하지 않으려는 마음을 만들기도 합니다. 이럴 땐, 작은 성공을 반복하도록 도와주는 것이 중요합니다.

충분히 할 수 있는 일 앞에서도 주춤하는 아이에게는, 반드시 성공할 수밖에 없는 과제를 주세요. 이 과제를 한꺼번에 "해봐!"라고 말하듯이 주는 게 아니라, 단계를 나누어 과제를 주는 방법이 도움이 됩니다.

"회오리를 그려볼까?"

"회오리가 어느 쪽으로 날아가는 걸까?"

"우와, 회오리가 힘이 굉장히 세 보여!"

이런 반응은 아이의 마음에 용기를 줍니다.

아이의 자신감과 성장은 경험에 바탕합니다. 아이가 쌓아가는 경험이 긍정적인 기억이 되도록 도와주세요.

❝ 성장하는 가정을 위한 한마디 ❞

아이가 배움이나 자신을 표현하는 일에서 두려움을 보일 때는,
작은 성공을 경험할 수 있게 도와주세요.
이렇게 말해주세요.

"우리, 회오리를 그려볼까?"

아이가 성적을 두고
거래를 하려고 해요

"선생님, 아이가 스마트폰을 굉장히 갖고 싶어 해요. 성적 잘 나오면 사주겠다고 말하려고 해요. 그래도 될까요?"

이제 갓 중학교에 입학한 민준이에게는 아직 스마트폰이 없습니다. 또래들과 소통하는 데 어려움을 느낀 민준이는 어머니에게 매일 스마트폰을 사 달라고 조릅니다. 그러다 첫 중간고사를 두고 어머니에게 제안을 했다고 합니다. 성적을 잘 받아 오면 스마트폰을 사달라고. 민준이 어머니는 그정도의 포상은 괜찮다고 생각했다고 합니다. 하지만 아직 아들에게 정확하게 약속은 하지 않은 상태이고요. 저는 민준이 어머니에게 이렇게 말했습니다.

"음, 사례를 통해 앞날을 생각해보자면 생각하셨던 것보다 좋은 결과로 이어질 확률이 낮습니다."

"이유가 뭔가요?"

저는 이렇게 설명드렸습니다.

"보상이 과하면 애먼 데에 집중하느라 공부에 집중이 안 되는 현상이 발생합니다. '성적 몇 점 올리면 스마트폰 사줄게!'라는 약속을 하면 성적을 너무 올리고 싶어서 공부에 집중이 안 되는 것이지요."

의지가 불타서 책상 앞에 앉을 수는 있습니다. 하지만 아이에게는 또 다른 자극이 생기는 것입니다. 아이폰을 살까 갤럭시를 살까, 고민에 빠집니다.

지금까지 어린이와 청소년을 대상으로 한 뇌과학 실험 중 심리의 영역에 해당하는 실험 결과들을 보면, 아이들에게 강한 보상을 주고 문제를 해결하라고 했을 때 실패율이 그만큼 커졌다고 합니다.

아이의 공부도 마찬가지입니다. 성적을 올리려면 계획을 세우고 스스로 계획들을 달성해나가면서 여러 가지 과제들이 수행되어야 합니다. 그러려면 그 과정 자체에 몰입해야 하지요. 머릿속에 스마트폰이 둥둥 떠다니는 상태에서는 그렇게 복잡한 과제를 해내기가 어렵습니다.

가끔 학습지를 목표 분량까지 풀면 게임을 허락해주겠다고 할 때와는 전혀 다른 경우입니다. 과제를 해결했을 때 보상을 주는 게 항상 효과가 없는 것은 아닙니다. 짧은 시간 내에 과제를 해결하거나 과제의 난이도가 단순할 때는 효과가 있습니다. 두 시간 책상 앞에 앉아 있으면 해결되는 과제 같은 것들이요.

아이의 동기부여를 위해 가끔씩 재미있는 거래를 하는 것은 찬성합니다. 아이가 먹고 싶다고 했던 맛있는 음식을 해준다거나 외식을 한다거나 어딘가에 같이 가거나 게임을 잠깐 허락하는 정도는 괜찮습니다.

그러나 이런 일들이 반복되고 쌓이면 아이는 성적과 공부가 자신을 위한 것이 아니라고 받아들일 수 있습니다. 좋은 결과로 이어질 확률도 자연스레 감소합니다. 단기적으로는 집중력을 흐리고 장기적으로는 아이가 누구를 위해 자신이 공부를 하는지를 깨닫지 못합니다. 적절한 대화가 필요할 것입니다.

· ·

❝ 성장하는 가정을 위한 한마디 ❞

아이가 성적을 두고 거래를 하려고 할 때는 이렇게 말해주세요.

"아이의 마음을 흔들 정도의 보상은
오히려 몰입을 방해하는 요소야.
기억하자."

· ·

시도 때도 없이
보상을 요구해요

"밥 잘 먹으면 엄마가 젤리 사 줄게. 빨리 밥 먹고 젤리 사러 가자."

"이거 여기까지 풀면 엄마가 뭐 사줄게."

"이번에 시험 80점만 넘겨. 게임기 사줄게."

지지리도 말을 안 듣고 밥도 안 먹는 아들은 보상을 해준다고 하면 금방 열심히 먹는 모습을 보입니다. 분명 식사와 공부는 본인을 위한 일인데, 한두 번 보상을 주다보니 이제는 아예 거래를 하려 듭니다.

"이거 하면 뭐 해줄 건데?"

이런 이야기를 들을 때마다 올바른 교육이 맞나 걱정되지만 효과가 좋으니 혼내는 것보다 낫겠지 하는 마음으로 부모님은 아이에게 계속 보상을 주게 됩니다. 상대적으로 공감 능력이 부족하고 자기 주도 성향이 강한 아이에게 특히나 잘 드는 방식이 보상입니다.

'이걸 왜 해야 하는 걸까?'

이유를 찾지 못한 아이에게 보상은 이 일을 끝까지 해낼 명분이 됩니다. 이유가 되어주기도 합니다. 아주 잠깐이지만 순기능을 합니다. 게다가 보상을 많이 줘서 아이를 키운다고 아이가 망가지는 것도 아닌 것 같으니 교육자와 부모님은 보상을 병적으로 멀리할 필요는 없습니다.

다만 어떤 일을 할 때 보상이 중심이 되어 움직이는 아이에게는 공통적인 문제가 있다는 것을 알아야 합니다.

첫째, 보상이 지속되면 원래 좋아하던 행위도 보상 없이는 하지 않으려 합니다. 예를 들어, 한 청년이 카메라를 사서 출사를 나갑니다. 처음 출사를 나갈 때는 귀한 휴일을 쓰고 비용은 스스로 부담합니다. 무거운 카메라를 들고 하루 종일 돌아다녀도 사진 찍는 재미에 피곤한 줄 모르고, 집에 들어와서도 사진을 정리하며 '다음에 또 나가야지' 하고 싱글벙글합니다.

그러다 어느 날 친한 친구에게 연락이 옵니다. 아기 돌잔치를 하는데 혹시 사진 찍어주는 게 가능한지 묻습니다. 친한 친구의 부탁이고 사진 찍는 재미에 빠져 나가보니 역시나 사진 찍기는 즐겁습니다. 게다가 끝나고 돈까지 받았습니다. 좋아하는 일을 하고 돈까지 받으니 두 배로 행복합니다. 다른 친구들에게 소문이 나서 줄줄이 요청이 들어옵니다. 이렇게 두세 번 나가다가 어느 날은 현저히 적은 보수를 받습니다. 갑자기 마음이 이상합니다. 원래 돈과 상관없이 재미로 다니던 출사인데, 이제 돈 없이 사진 찍는 일이 부당하게 느껴지기 시작합니다.

우리 아이들이 보상을 받으면서 겪는 과정과 같은 맥락입니다. 밥을 먹다 딴짓하며 시간을 벌 때, 엄마가 젤리 보상을 몇 번 걸고 나면 그날은 좋습니다. 그러다 어느 순간 젤리가 없으면 밥을 먹지 않게 됩니다. 아이가 "이거 먹으면 뭐 줄 거야?"라는 질문을 한다면, "밥 먹는 것은 너를 위한 일이고, 즐거운 일이야"라며 보상을 끊고 밥 먹는 본래의 재미를 알게 해야 합니다.

아이에게 심부름을 시키는 일은 좋지만 심부름을 한 이후에 계속 보상을 준다면, 머지 않아 "민준아, 엄마 이것 좀 도와줄래?"라는 일상 대화에 "도와주면 뭐 해줄 건데?"라는 말이 돌아올지도 모릅니다.

아이가 노력한 것을 알아주지 않는 것도 문제지만, 행동마다 보상을 주게 되면 아이에게 공동체의 일원으로 마땅히 해야 할 일이 있다는 감각을 알려주는 데 실패하게 됩니다.

아이가 집안일에 참여한다면 가족 구성원으로서 마땅히 할 일을 한 것이지 보상이 당연하지 않습니다. 그런데 반복적으로 보상을 주게 되면 아이는 어느 순간 '내가 집안일을 하는 이유는 보상 때문이었어'라는 착각을 만들게 됩니다.

❝ 성장하는 가정을 위한 한마디 ❞

"이거 하면 뭐 해줄 건데?"라고 묻는 아이에게
이렇게 말해주세요.

"가족 구성원으로서 당연히 해야 하는 일엔 보상이 없단다."

노력을 알아주지 않는다고
크게 원망해요

어느 날, 한 아이가 저에게 이런 글을 보냈습니다.

"엄마를 위해 공부한 것은 아니지만, 시험에서 100점을 몇 번을 받아도 잘했단 소리 한 번을 안 해요. 그러다 얼마 전에 두 개 틀렸는데 그걸로 엄청 혼이 났어요. 엄마가 정말 미운데 제가 잘못된 건가요?"

"아니, 넌 잘못되지 않았단다"라는 말이 절로 나오는 글입니다. 만일 부모나 교사가 '이건 네 일이야'라는 메시지를 주기 위해 아이가 노력해서 이룬 성과를 지속적으로 외면한다면 아이는 허탈감을 느낍니다. 회사 생활을 떠올려봅시다. 누구를 위해 열심히 한 것은 아니지만, 정말 아무도 몰라준다면 힘이 빠집니다.

한 사람이 어떤 일을 지속하기 위해서는 '일의 의미 찾기'가 중요합니다. 저 역시 그렇습니다. 아이들 가르치는 일을 오래해야겠다는 마음으로 하는 것이 아니라, 그저 눈앞에 놓인 아이들 문제를 하나씩 같이 해결하고 행복해하는 부모와 아이들을 바라보며 일의 의미를 발견하다보니 지금까지도 기쁘게 일하고 있습니다.

아이들도 마찬가지입니다. "인내심을 갖고 무조건 열심히 공부만 해"라고 말하면 반발심이 생깁니다. 하지만 진짜 의미가 될 말을 해주면 다른 태도를 보입니다. 이렇게 말해주는 거지요.

"지금 네가 하는 일이 너에게 큰 도움이돼. 너로 인해 이런 변화도 생기고 있어."

이런 말은 아이에게 의미와 흥미를 부여해줍니다.

어떤 일이든 하기 싫은 구간이 있고 그 구간을 넘어가기 위해선 인내심이 아니라 의미가 필요합니다. 하기 싫은 일은 절대 하지 않던 사람도 자신이 번 돈으로 산 음식을 자녀가 맛있게 먹는 모습을 보면 힘이 불끈 솟습니다. 이게 바로 의미입니다.

혹자는 인간이 무언가를 계속 해내기 위해서는 보상이 필요하다 말하지만 정확히 말하면 의미가 필요합니다. 보상도 의미 중 하나에 불과할 뿐입니다.

사연을 보낸 아이처럼 부모님이 함께 기뻐하지 않는다면 동기가 떨어집니다. 많은 아이들이 자신만의 동기를 찾지 못하고 있습니다. 부모의 기뻐하는 모습을 위해 공부하고, 부러워하는 대상이 되어 누군가에게 본 떼를 보여주고 싶어 공부하고, 뒤처질까봐 불안해서 공부합니다.

잘못된 의미 부여는 잘못된 방향의 노력을 낳습니다. 성적을 예로 들어보겠습니다. 아이 입장에서는 부모님이 "성적을 올려라" 하면 부담스럽고 마음도 축 늘어집니다. 그러나 똑같은 뜻의 다른 말이 있습니다.

"성장해라."

듣는 사람의 입장에서 의욕이 생깁니다.

이건 흡사 "반드시 이번 프로젝트로 매출을 20퍼센트 올려야 합니다"라고 말하는 리더가 "이번 프로젝트로 많이 배우고 성장하세요"라고 말을 바꾸어 거두는 효과와 비슷합니다.

저 역시 자라다를 운영하는 초기에 선생님들에게 유사한 실수를 했던 기억이 납니다. 직원들이 누군가에게 보여주기 위한 일이 아니라 자신과의 싸움을 하는 조직 문화를 만들겠다는 생각에 누군가가 멋지게 성과를 내도 마음으로만 축하하고 크게 감정 표현을 하지 않았습니다.

문제는 저의 의도와 상관없이 자신의 노력을 아무도 알아주지 않는다고 생각하는 사람들이 생겼다는 점입니다. 당시 한 선생님과 면담하다가 이런 이야기를 들었습니다.

"제가 노력해도 알아주는 사람이 없으니, 무엇을 위해 이렇게 하나 싶네요."

그때서야 모든 사람에겐 나를 알아봐주고 내 일의 의미가 무엇인지 알려줄 사람이 필요하다는 것을 알았습니다.

이는 아이들에게도 마찬가지 입니다. 아이에게 "만들기 열심히 잘하면 선생님이 축구시켜줄게" 하는 방식의 동기부여는 미술 수업보다 더 재미있는 게 있다는 뜻이 되므로 수업 유도에 좋지 않습니다. 그러나 아이가 무언가를 열심히 만들었다면, 세세하게 어떤 노력을 했는지 봐주고 질문하는 행위는 정말 귀한 결과를 가져옵니다. 종종 사람들이 자신의 노력을 세상 모두가 몰라줄 때 하는 혼잣말이 있습니다.

"내 노력을 하늘은 알겠지."

결국 교육자의 역할 중 하나는 '아이의 노력을 찾아 그 노력에 의미를 부여해주는 사람'입니다. 아이가 숙제를 했다면 "했니? 안 했니?"라며 검사를 하지 마시고 아이가 노력한 흔적을 찾아내기를 권합니다.

아이가 어떻게 했는지를 구체적으로 보고 그 노력에 의미를 부여해보는 일은 아이에게 노력을 지속할 동기가 되어줍니다.

아이가 부모를 도왔다면 "네가 도와서 엄마가 참 편했다"라는 한마디가 아이에게 큰 의미가 됩니다.

아이가 공부를 포기하지 않고 끝까지 해냈다면 "힘들었을텐데 포기하지 않고 끝까지 마무리 하느라 고생했다"라는 한마디가 필요합니다.

아이가 이런 말을 들을 때마다 일일이 반응하지는 않겠지만, 내면에선 많은 일이 일어납니다. 어떤 노력도 의미 없이 지속되기는 어렵다는 사실을 잊지 말아야 합니다.

66 성장하는 가정을 위한 한마디 99

아이의 노력을 알아주는 말은 듬뿍해주세요.

"네가 이렇게 노력해줘서 우린 너무 기뻐."

가르쳐도
배우지 않았다고 우겨요

이제 막 곱셈을 배우기 시작한 민준이는 산수 공부를 왜 해야 하는지 아직 알지 못합니다. 그렇다고 산수에 재미를 느끼지도 못하고요. 한편으로 민준이 어머니는 "요즘 곱셈을 가르치는데 민준이가 참 못 받아들여요" 하며 걱정이 많습니다.

"분명히 어제 배운 건데 숫자만 바뀌면 안 배웠다고 우겨요. 똑같은 문제인데 숫자 순서를 뒤집으면 모른다고 하는 거예요. 무슨 문제가 있는 걸까요?"

세상에 배울 것이 많으니 곱셈이 별것인가 싶다가도 이제 겨우 곱셈 하나에 이렇게 진이 빠져서 앞으로 어떡하나 싶은 마음이 이해가 되었습니다. 우선 민준이에게 큰 문제가 없다는 이야기부터 해드려야겠다는 생각이 들었습니다.

"어머니, 민준이가 모른다고 하는 건 그냥 하기 싫어서 그런 것 같아요."

"네? 그럼 방법이 없을까요?"

저는 이런 설명을 드렸습니다.

"가르치고 싶은 걸 살짝 접어두시고, 아이가 좋아하는 것에 집중해보세요. 아이가 무얼 좋아하나요?"

"게임이요. 배틀그라운드 같은…. 총 쏘는 게임 좋아해요."

"그럼 거기 나오는 소총인 AK-47 이야기를 한 번 해보세요. 이렇게 말해보시는 거예요. '이 탄창에 총알이 30발 들어가는데 선생님에게 탄창 4개가 있대. 그럼 총을 얼마나 쏠 수 있을까?' 아이가 단박에 집중하게 될 거예요."

가르치는 문제의 상당수는 아이의 상태와 관심사를 고려하는 것만으로도 쉽게 해결될 때가 있습니다. 좋은 교육자는 아이가 배우고 싶은 주제와 교육자가 가르치고 싶은 주제를 잘 엮어내는 사람입니다. 〈터닝메카드〉로 영어를 가르쳤다는 교육자도 있고, 〈포켓몬스터〉를 이용해 덧셈과 뺄셈을 가르친 집도 있습니다.

'엄마가 가르치고 싶은 것' '아이가 배우고 싶은 것' 사이의 중간 지점을 잘 찾아가기를 권합니다. 훌륭한 교육의 출발점이 될 것입니다.

물론 매번 그래야 하는 건 아닙니다. 첫 시작은 재미로 출발할 수 있지만 결국 의미가 있어야 지속됩니다. 어쩌면 우리가 해야 하는 일은 왜 공부해야 하는지에 대한 답을 함께 찾아나가는 것일지도 모릅니다. 그 해답을 아이가 찾아 스스로 공부할 때 아이는 진정으로 성장합니다.

❝ 성장하는 가정을 위한 한마디 ❞

첫 시작은 재미를 유발하되
점차 의미를 찾아가주세요. 이렇게 말해주세요.

"우리, 네가 좋아하는 걸로 이 과목을 공부해볼까?"

공부가 재밌다고
알려주고 싶어요

　공부에 재미를 붙일 가장 좋은 방법은 아이가 좋아하는 것으로 가르치는 겁니다. 한번은 한글을 정말 싫어하는 초등학교 1학년 가정에서 엄마 의뢰를 받아 아이를 잠시 가르친 적이 있습니다.

　아이와 이야기를 해보니 한글을 왜 써야 하는지 모르겠다고 말했습니다. 자신은 종이접기를 잘하니, 한글을 못 써도 전혀 부끄럽지 않다고 합니다. 자아는 참 건강한데 그냥 둘 수 없는 귀여운 상태지요.

　저는 제일 먼저 아이가 좋아하는 것을 찾아냈습니다. 몇 차례 그림을 그리면서 아이와 대화를 해보니 공룡에 관심이 있다는 걸 알게 되었습니다. 그래서 저는 아이에게 박치기 공룡으로 알려진

'파키케팔로 사우루스'를 그린 후에 이름 쓰기를 제안했습니다. 신기하게도 아이는 아무 저항 없이 저와 오랜 시간 한글 연습을 했습니다.

지금껏 현장을 누비며 배운 여러 가지 중에 꼭 이 책을 통해 전하고 싶은 메시지가 있습니다. 배우기 싫어하는 아이들은 없다는 사실입니다.

어른들이 아이들의 언어와 흥미에 관심이 없어서 생기는 갈등이 아주 많습니다. 색칠하기 싫다고 울던 아이에게 페인트를 칠해보자고 하고 붓을 주니 반짝거리는 눈으로 색을 칠하기도 하고, 영어는 죽기보다 싫다던 아이가 좋아하는 게임에서 나오는 게임 용어를 영어로 해석해주니 즐겁게 쓰는 기적이 일어납니다.

유능한 교육자는 가르치고 싶은 것을 내려놓고, 아이가 배우고 싶은 것에서 가르침의 의미를 찾아줍니다.

· ·

❝ 성장하는 가정을 위한 한마디 ❞

아이가 배우기를 거부할 때 스스로에게 물어봐주세요.

"내가 해야 할 일만 너무 강요하진 않았나?
우리 아이는 뭘 좋아하지?
어디에서 재미를 느끼지?"

· ·

아들이 공부에
의욕을 갖지 못해요

　직장에 다녀본 사람이라면 내 의사와는 전혀 상관없이 윗선에서 결정된 업무들을 처리해야 할 때의 감정을 기억할 것입니다. 도대체 왜 해야 하는지 모르는 업무에 대한 감정과 경험은 그리 유쾌하지 못했을 것입니다. 이유도, 보람도 찾지 못한 상태에서 품을 들이는 것만큼 힘든 일도 없습니다.

　그래서 이럴 때 일을 주는 사람은 적절한 절차로 업무를 지시해야 합니다. 이유도 보람도 찾을 수 없게 된 상황에서는 부당한 방식으로 업무가 과중되었다고 느끼지 않게 하는 게 중요합니다.

　그러지 않으면 회사는 반드시 대가를 치릅니다. 일이 명쾌하게 맺음되지 못하거나, 일을 한 사람이 사직서를 내는 방식으로요.

아이를 키우는 일도 그렇습니다. 아이가 해야 하는 이유에 대해 얼마나 공감하고 있는가와 어떤 동기를 가지고 있는가를 파악하고, 과중되었다는 느낌을 받지 않도록 학습을 유도하는 게 중요합니다.

초등학교 6학년인 민준이와 민준이의 어머니는 "너무 많은 양을 공부하라고 한다"는 주장과 "이 정도는 기본이다"라는 주장으로 매일 대립합니다.

민준이의 어머니는 "아이가 책상 앞에만 앉으면 몸만 베베 꼬아요. 속 터져요. 제가 많이 시키는 것도 아니거든요. 딱 필요한 만큼 적당히만 하라는 건데" 하며 탄식했습니다. 저는 민준이 어머니에게 이런 질문을 했습니다.

"꼭 해야 하는 적당한 양은 누가 정했나요?"

민준이의 어머니가 대답했습니다.

"제가요. 아이는 학습에 별 생각이 없어요."

아마도 민준이의 불만은 여기서 시작된 게 아닐까, 하는 생각을 했습니다. 학습에서 재미와 동기를 갖지 못한 아이에게는 학습량에 자기결정권을 줘야 합니다.

학습에도 훈육의 영역과 아이의 선택권이 존중받아야 하는 영역이 있습니다. 선생님이 내 준 공통 숙제는 반드시 해야 하는 영역이라서 아이를 이해시키지 않아도 꼭 해야 한다고 가르칠 수 있습니다. 그러나 학습량을 늘릴 때에는 반드시 해야 하는 이유가 먼저 설명되고 아이의 공감을 가져와야 오래 할 수 있습니다. 지금 당장 뒤쳐지는 게 걱정돼서 강제로 시키다보면 아이는 학습 자체에 수동적인 태도가 굳어져버리고, 성적에서도 만족하지 못할 것입니다.

이런 설명 앞에서 억울한 부모님이 있을 것입니다. "다른 집에 비하면"이라는 표현으로 아이가 얼마나 공부에 흥미가 없는지를 설명하는 경우도 정말 많습니다. 그 답답함을 저도 어느 정도는 알고 있습니다.

하지만 이런 말씀을 꼭 드려야 할 것 같습니다. 아이가 생각하는 학습량의 기본과 부모님의 기본량에는 늘 차이가 있습니다. 아이 입장에서는 학교 선생님이 내준 숙제만 해도 놀 시간이 없어서 애가 탑니다.

그러나 부모님 입장에서는 영어는 얼마만큼, 수학은 얼마만큼 해야 한다는 개념이 있습니다. 그러니 이 부분은 훈육 영역이 될 수 없습니다.

만약 욕심껏 훈육으로 아이를 끌어가다보면 본래 훈육해야 할 영역이 무너지기 시작합니다.

"하기 싫다고!" 하며 집 밖으로 나가버릴 수도 있고 '도대체 이걸 왜 이렇게까지 해야 하는 거지?'라는 생각을 아이가 멈추지 못하게 되었을 때는 부모님의 판단을 아이가 의심하면서 부모로서의 권위가 무너지기도 하지요.

그러니 정말로 해야 할 부분에는 아이 의욕과 상관없이 선을 딱 긋고 아이가 따라오게끔 유도해주세요. 그리고 일정 부분은 아이가 학습량과 과목 등을 선택할 수 있도록 해주세요.

❝ 성장하는 가정을 위한 한마디 ❞

아이와 학습량으로 갈등을 빚을 때는 이렇게 말해주세요.

"좋아. 공부를 아예 안 할 수는 없어.
대신 학습량이랑 진도 속도는 네가 정하는 대로 하자."

7장

자존감

“아이 문제는
자존감에서 출발합니다.”

엄마

초등학교 2학년 아들이 학습지 숙제를 싫어해요. 그래서 "8시까지 끝내면 책 읽어줄게" 했죠. 결국 8시 30분에 끝났어요. 아이가 책을 읽어달라고 하길래 시간 약속을 못 지켰으니까 안 된다고 했더니 아이가 막 울더라고요. 저 나름대로는 동기부여도 하고 자신감도 얻게 하려던 건데 뭔가 잘못된 것 같아요.

에고, 그래서 결국 안 좋은 경험으로 끝나버렸군요. 애초에 달성하기 힘든 과제를 주셨다는 데에 문제가 있는 것 같아요. 다음부터는 이런 동기부여 항목을 정할 땐 시간은 빼고 정해보세요.

최쌤

엄마

"오늘 안에만 해내면 책 읽어줄게"라고 말해보라는 거죠?

맞아요. 자존감과 동기부여는 아이가 성공하는 경험을 반복해서 겪는 게 중요해요. 실패도 세 번이면 학습이 돼요. 꼭 기억해주세요.

최쌤

우리 아이 자존감에
문제 있는 건가요

"선생님, 아이 허세 때문에 마음이 아파요."

여자아이들이나 약한 친구들이랑 노는 것은 시시하고 힘이 센 친구들이랑만 논다는 남자아이가 있었습니다. 어머님과 상담을 해보니 실제로는 여자아이들이나 조용한 동생이랑만 노는 아이였습니다. 실제 내 모습과 이상적인 나의 모습의 괴리가 허세스러운 말과 행동을 이끌고 있던 겁니다. 아이는 저를 만난 지 몇 분되지 않았을 때, 갑자기 이렇게 외쳤습니다.

"선생님! 저는 여자아이들이랑 노는 게 정말 시시해요. 저는 센 아이들과 노는 것이 정말 좋아요."

아이의 허세는 자신의 자아를 보호하기 위해 나오기도 합니다.

자신의 지금 모습이 본인과 주변 기대치에 미치지 못한다는 점을 너무 잘 알기에 그것을 직면할 용기가 없어 나오는 일종의 방어기제인 겁니다.

어떤 아이는 정말 순수하게 자기가 하면 잘 해낼 것이라 믿는 허세가 있다면, 또 어떤 허세는 자신을 너무 잘 파악해서 생겨납니다. 자신을 세상에 꺼내놓을 용기가 없는 허세도 있지요. 이럴 때 아이의 자존감이 낮을 가능성을 염두에 두고 아이를 봐야 합니다.

이런 아이에게 필요한 요소는 '실제 내 모습이 받아들여질 것이라는 신뢰'입니다. 아이가 '진짜 내 모습을 꺼내어놓아도 괜찮아'라는 마음을 느낄 때까지 도와야 합니다. 이런 마음은 말로도 배울 수 있지만, 자신의 모습으로 타인에게 좋은 영향력을 끼치는 경험이 큰 도움이 됩니다.

. . . .

66 성장하는 가정을 위한 한마디 99

아이 허세에 공통점이 있을- 때 스스로 이런 질문을 던져보세요.

**"나는 지금 아이 자존감을 낮추는 평가자일까?
아니면 자존감을 높이는 조력자일까?"**

. . . .

문제가 있을 때마다 남 탓을 해요

"엄마 때문에 이렇게 된 거야!"

엄마들에게 아들 문제를 적어달라고 했을 때, 상당히 큰 비중으로 나왔던 문제가 남 탓이었습니다. 많은 아이들이 자신의 문제로 부모님이나 선생님을 탓합니다.

아이들 뿐 아니라 상당수 성인들도 조언을 받아들이지 못하고 문제를 분신시키며 상대방 탓을 합니다.

생각보다 많은 사람들이 자신에 대한 조언을 공격이라고 생각합니다. 타인에게 인정받고 싶다는 욕구 때문입니다. 인정해주길 바라는 상대가 조언을 하면, 인정받지 못했다는 감정으로 이어지며 화가 납니다. 아이가 부모에게 인정받고 싶다는 생각이 강하게 들 때, 부모의 조언은 실패를 알리는 신호가 되어 아이를 분노하게 합니다. 자녀 교육이 어려운 이유 중 하나는 자녀 입장에선 부모의 조언이 간섭이나 공격으로 느껴지기 때문입니다.

자존감의 핵심은 타인의 관점에 휘둘리지 않고 자신의 관점으로 스스로를 바라보는 힘입니다. 아이가 부모를 '나를 평가하는 사람'이 아니라 '내 목표를 이루는 데 도움을 줄 조력자'로 인식하면 관계에 안정성이 생깁니다.

사람은 타인의 평가에 민감할수록 자기 문제를 진심으로 받아들이기 어려워집니다. '내가 잘하는 것도 있는데 맨날 엄마는 내가 잘못한 것만 지적해'라는 생각이 들면, 문제를 해결할 좋은 방법을 찾는다 해도 받아들이기 어렵습니다.

아이가 자신의 미숙함을 극복하고 성장하기 위해선 자존감 훈련이 선행되어야 합니다. 토머스 에디슨, 알베르트 아인슈타인, 조지 부시 대통령 등 성공한 ADHD들의 특징은 산만함이 아닙니다. 자신이 가진 재능이 무엇이든 사랑할 수 있는 가슴, 즉 자존감입니다. 산만해서 한 가지 일에 책임감 있게 집중하기 힘들다고 오해받기 쉬운 성향임에도 불구하고 끝까지 스스로를 믿고 이루려는 노력이 중요합니다.

기질과 성향은 인간의 영역이 아니지만, 자존감은 충분히 훈련으로 단단해질 수 있습니다. 아이를 어떤 환경에 노출시키느냐에 따라 자존감이 순식간에 떨어지기도, 올라가기도 합니다. 장점일 수도, 단점일수도 있는 한 사람 특유의 성질이 강점이 되어 꽃을 피워내기 위해서도 역시 자존감이 필요합니다.

길고 긴 인생을 평안하고 행복하게 피워내기 위해서도 자존감은 반드시 필요합니다. 작은 것에 짜증을 내고 타인의 주장을 받아들이기 어려워하는 모든 사람에게 자존감 회복이 필요합니다. 만약 지금 작은 일에도 아이가 쉽게 짜증을 낸다면 자신에 대한 신뢰가 충분한 상태인가를 점검할 수 있도록 도와주세요.

❝ 성장하는 가정을 위한 한마디 ❞

아이의 자존감을 세워줄 말 한마디를 꼭 전해주세요.

"네가 뭘 하든, 우리는 항상 너를 응원해.
너는 그만큼 소중한 사람이니까."

자신감은 타인에게 내가 이 일을 해낼 수 있을 거라는 표현에 가깝지만 자존감은 스스로 내리는 평가입니다. 자존감은 자신이 목표를 세우고 달성해나가면서 커집니다.

아이들을 만나보면 달리기나 게임 등 한 가지를 잘해야 인정받을 것이라고 착각합니다. 타인에게 인정받기 위한 몸부림이었다는 사실은 알지 못합니다. 자존감 교육은 누군가에게 보여주려는 몸부림을 자신의 것으로 돌려주는 일로 시작합니다. 그런 의미에서 칭찬은 평가가 들어 있기 때문에 자존감을 키워주는 좋은 도구가 아닙니다.

"진짜 잘했어."

"오늘 예쁘다."

"역시, 착한 아이야."

"네가 최고야!"

아이가 이룬 일을 온전히 축하하고 응원하기 위해서는 평가하는 말을 줄여야 합니다. 아이가 우리가 원하는 대로 행동했을 때 칭찬하면 그 열정이 번개탄처럼 오래가지 못합니다.

칭찬에 의존하는 아이는 칭찬이 사라지는 순간 동기도 함께 떨어집니다.

반면 자존감은 참숯 같습니다. 시끄럽지 않아도 한 가지 일을 오래 해낼 수 있는 동기가 됩니다. 자존감은 결국 자신이 세운 목표를 달성하는 경험을 기반으로 형성됩니다.

목표를 세워 놓고 실제로는 지키지 않는 아이가 스스로 자존감을 세울 수는 없습니다. 경험이 없기 때문입니다. 이런 성향의 아이가 자신을 사랑한다고 말하는 것은 의미가 없습니다. 진짜가 아니기 때문입니다. 그러니 우리가 아이에게 스스로를 사랑하라고 말하는 것보다 자신이 계획을 세워 목표를 달성하게 돕는 일이 자존감 형성을 위한 도움이 됩니다. 이 경험이 누적되면 아이에게는 자연스레 열정이 생깁니다.

아이가 스스로 목표를 세우게 만들도록 도와주세요. 대단한 목표가 아니어도 자기 스스로 목표를 달성한 경험이 쌓이면 자존감이 올라갑니다. 이것은 자아실현 욕구와도 연결됩니다.

넘어진 아이를 일으킬 때도 마찬가지입니다. 스스로 일어나겠다고 짜증을 내며 뿌리치는 아이의 가슴속엔 우리가 미쳐 파악하지 못한 자존감의 욕구와 열정이 숨어 있다는 것을 기억해주세요.

· ·

❝ 성장하는 가정을 위한 한마디 ❞

아이의 자존감을 일으키고 싶을 때는 이런 생각을 해주세요.

'아이가 부족하더라도 스스로 해내야 해.'

· ·

게임이나
동영상만 봐요

중학교 2학년인 민준이의 어머니는 아이가 아무것도 하려고 들지 않아 고민입니다.

"그래도 뭔가는 하지 않을까요? 게임이라든지요."

"맞아요. 게임하거나 동영상만 봐요. 어느 날은 학교 갔다 와서 하루 종일 침대에 누워서 동영상 봤다가 게임했다가 반복하는 거예요. 그게 너무 꼴 보기 싫어서 엉덩이를 팡 때리니까 '욕하든지 때리든지 둘 중 하나만 하세요!'라고 소리를 지르더라고요. 다른 애들도 이러나요? 내신은 어떻게 해야 하나요. 아이가 공부를 안 해서 미치겠습니다."

"어머님은 아이가 공부를 잘하길 바라시는 거지요?"

"공부 아니어도 되니까 열정적으로 사는 모습을 보고 싶어요."

종종 우리는 무기력하거나 아무 의욕이 없는 아들의 모습을 볼 때 격하게 화가 나서, 아들이 잘못한 부분보다 더 크게 화낼 때가 많은 것 같습니다. 인생을 낭비하는 듯한 아이의 모습이 보기 싫은 것이지요. 그럴 때 진짜 하고 싶은 이야기는 삶을 진지하게 조금 더 열정적으로 재미있게 살자는 말일 겁니다. 그런데 부모님 입에서는 "공부해라"로 함축되어 나옵니다.

부모님 대부분은 공부가 아닌 다른 거라도, 아이가 열정을 쏟아 제대로 하고자 하는 마음만 있다면 지원해주고 싶을 겁니다. 그런데 대부분의 아이들은 열정적으로 유년기를 살다가 중학생, 고등학생 시기를 겪으면서 무기력해지기 시작합니다.

초등학교 때는 제법 열정도 있고 열의도 있었던 아이가 중학생이 되면서 혹은 그 전에 조금씩 성장하면서 무기력해졌다면 먼저 아이의 자존감을 깎아내리는 행위를 피하는 것부터 시작하세요.

이런 말들은 아이의 자존감을 깎아내립니다.

"너 알아서 해라!"

"네가 그러면 그렇지."

"봐, 네가 혼자서 잘하면 엄마가 이러니?"

평소에 하는 말 중에 위와 같은 말들이 있다면 다 걷어내기를 권합니다. 종종 우리는 아이가 공부하지 않는 모습을 보면서 '네가 틀렸다'는 걸 증명하려고 합니다.

"그래, 어디 네 맘대로 해봐!"

결국 우리는 그렇게 화를 냅니다. 그리고 아이가 마음대로 해보게 팔짱을 끼고 지켜봅니다.

진짜 아이에게 기회를 주는 게 아니라 함정을 파놓은 겁니다. '네가 이렇게 못난 녀석'이라는 점을 증명해야만 엄마에게 기회가 올 거라고 생각하지만, 기회는 오지 않습니다. 아이는 그냥 무기력을 경험할 뿐입니다.

물론 아이 마음대로 하게 두는 방법은 무기력해지지 않기 위한 방편입니다. 이론상은 그렇습니다.

아이 마음에 불꽃을 만들어주려면 부모님과의 유대 관계가 중요합니다. 관계가 돈독하지 못할 때는 어떤 말이든 부모님 말이라면 안 믿을 가능성이 높습니다. 그럴 때 먼저 회복해야 하는 것은 조언자의 입지입니다.

"엄마가 하는 말이라면 귓등으로도 안 듣는 걸요?"

그럴 땐 아이가 빠져 있는 게임이나 동영상을 함께 봐주세요. 아이 입장이 되어서 이해하는 것이 중요합니다.

그렇게 대화가 회복이 되면 시도해볼 것들의 틈이 보이기 시작할 겁니다. "넌 뭐할 때 제일 좋아? 나는 네 나이 땐 그림을 많이 그렸어. 나도 지금 너처럼 많이 혼났어."

그러면서 아이의 관심사를 알아가주세요.

캠핑이라든지, 수영이라든지, 운동이라든지. 게임이나 미디어가 아닌 영역으로 아이를 이끌어주세요. 몸을 써서 이룰 수 있는 무언가를 함께 이루는 경험을 해보는 것, 작은 성공을 반복하는 것이 아이 삶에 생동감을 만들어줄 것입니다.

❝ 성장하는 가정을 위한 한마디 ❞

무기력한 아이를 보며 다그치기 전에
부모님 스스로가 한 번만 물어봐주세요.

"나는 지금 아이에게 신뢰를 얻는 사람인가?
아이의 마음에 공감하고 있나?"

아이가 이끄는 대로
따라오지 않아요

운영하던 자라다 학원 중 한 곳이 생기를 잃어갔습니다. 제가 직접 진두지휘해 문제를 개선하려고 발버둥칠수록 팀원들의 동기는 그와 비례해서 떨어져나갔습니다. 당시 조직관리에 미숙했던 저는 문제를 개선하려면 먼저 팀원들의 잘못된 생각을 고쳐야 한다고 생각했습니다. 당신이 틀렸고 내가 옳다는 것을 증명하기 위해 에썼습니다. 그럴수록 조직은 수렁에 빠졌습니다.

당시 제가 가장 많이 했던 말은 "선생님, 이건 이렇게 하면 안 돼요"였습니다. 소통이 사라지고, 누구도 새롭게 의견을 내지 않았습니다.

눈앞에 방법이 보이는 데도 팀이 꿈쩍도 하지 않을 때는 정말 답답했습니다. 리더로서 끔찍한 기억입니다.

조직이 살아난 건 제가 관여를 멈춘 뒤부터입니다. 팀원 중 한 명을 중간 관리자로 두고 제가 빠지자 변화가 시작됐습니다.

중간 관리자로 임명된 선생님이 계획한 것들은 제 의견과 달랐습니다. 수업의 질, 전문성, 손익 등과는 상관이 없는 일을 가장 먼저 하겠다고 했습니다. 선생님들은 입구에 전시할 큰 작품 만들기에 집중했습니다. 이해할 수 없었지만 팀원들과 함께 내린 결정이라니 관리자를 믿는 마음으로 기다렸습니다.

팀원들도 처음에는 '이게 되겠어' 하는 마음이었던 듯합니다. 작품이 생각보다 오래 걸리자 다들 힘들어하기 시작했습니다. 저는 새로운 리더가 팀원들의 수고를 엉뚱한 데에 쓰는 것 같아 불안했습니다.

그러나 중간 관리자는 끝까지 작품 만들기를 고수했고 기어이 마무리를 지었습니다. 작품을 만들어낸 팀원들은 자신들의 작은 성공을 자축했습니다. 저는 그 사건이 우리 조직에 큰 변화를 가져다줄 것을 미처 상상하지 못했습니다. 이제 팀원들에게 하면 된다는 자신감이 생긴 겁니다. 팀원들은 어느새 적극적으로 의견을 내기 시작했고 사기의 진전은 손익 활동과 연결되기 시작했습니다.

이 사건을 통해 저는 세 가지를 깨달았습니다.

첫 번째는 팀원을 이겨봐야 얻는 것이 하나도 없다는 점입니다. 제가 말로 팀원을 이길수록 팀원의 사기가 급격히 떨어지고 눈에 생기가 빠지기 시작했습니다. 가르친다는 명목하에 팀원들을 패배감으로 인도한 것이죠. 사람의 동기를 끌어올리기는 쉽지 않지만, 망가뜨리는 것은 순식간입니다.

아이들도 마찬가지입니다. 어른이 아이를 말로 이길 때마다, 아이의 눈에서 생기가 빠져나가고 있음을 자꾸 잊습니다. 어른이 말로 아이를 백 번 이겨도 이긴 게 아닙니다. 우리가 자녀에게 주어야 할 것은 하찮아도 스스로 선택하고 느끼는 성취이지, 명령이 아닙니다.

아이에게 선택권을 주고 그것을 성취할 때마다 당신의 아이는 눈을 빛내고 자신의 모양대로 꽃을 피울 겁니다. 하지만 어른이 아이가 틀렸다는 것을 증명할 때마다 아이라는 꽃은 시들어 갈 겁니다. 교육의 시작은 '어떻게'가 아니라 '있는 그대로'를 소중히 하는 것입니다.

두 번째는 팀원이 세운 계획이 성공으로 이어지는 경험이야말로 팀을 살리는 중요한 요소라는 점입니다. 아이와 부모님을 한 팀이라고 생각하고 예를 들겠습니다.

'위너 임팩트'라는 말이 있습니다. 원숭이 무리에서 서열이 중간쯤 되는 녀석이 처음부터 높은 서열 원숭이에게 도전하는 게 아니라, 낮은 서열의 원숭이를 하나씩 이겨 승리의 경험이 쌓을수록 서열 높은 원숭이를 이길 확률이 높아진다는 연구 결과를 이르는 말입니다.

이를 응용해 중요한 시합을 앞둔 격투기 선수들은 자신보다 강한 상대보다 약한 상대를 이기는 작은 성공을 쌓는 것에서 긍정적인 효과를 얻는다고 합니다.

작은 성공을 연속해서 겪은 팀의 사기는 무섭습니다. 예전 같으면 무언가를 하자고 백날 이야기해도 안 되던 일들이었는데, 팀원들 입에서 해야 한다는 말이 나오기 시작했으니까요.

세 번째 깨달음은 팀의 사기를 올리는 데 장르는 중요하지 않다는 점입니다. 만일 제가 선생님들에게 그런 만들기 말고 전문성이나 더 키우라고 말했다면 문제는 다시 반복되었을 겁니다.

저의 경우에는 선생님들을 일하게 만드는 게 아니라, 선생님들이 하고자 하는 것을 이루도록 지원하는 쪽으로 목표가 맞춰진 후에 선생님들의 자존감이 살아났습니다. 그렇게 살아난 자존감은 다른 전문성을 키우는 영역에 영향을 미칩니다.

이미 자존감이 떨어진 아이의 작은 성공을 바란다면, 장르와 상관없이 아이가 원하는 곳에서부터 시작해보기를 추천합니다. 아이들이 무기를 만들거나 게임에 나오는 캐릭터를 수업 시간에 그려보겠다고 해도 긍정적으로 지원하는 가장 큰 이유입니다.

저는 이 사건이 리더로서의 터닝 포인트가 되었습니다. 사람들의 성취 관리가 아이들을 넘어서 모든 인간에게 얼마나 중요한지를 깨달았습니다. 나를 내려놓고 믿는 팀과 함께 일하는 기쁨이 어떤 것인가에 대해 매일 느끼고 있습니다.

제가 이제 팀원들과 하는 일의 주 업무는 그들이 세운 계획을 경청하고 이룰 수 있도록 지지하고 그들의 성공에 의미를 부여하는 일입니다. 물론 굵직한 방향은 놓치지 않고 제시해야 하고, 끊임없이 함께해야 하는 것도 맞습니다만, 더 중요한 것은 팀원들의 자존감을 견고하게 만드는 일입니다.

자신들이 세운 목표를 달성하기 위해 모인 집단의 힘은 강력합니다. 자존감이 높은 팀에서는 이루 말할 수 없는 안정감과 신뢰가 느껴집니다. 한 번 자존감을 찾은 팀은 스스로 무엇을 해야 성공을 더 맛볼 것인지 본능적으로 찾아내고 이루고 성장합니다.

만일 여러분의 아들이 무기력함을 느낀다면, 위 세 가지 이야기를 기억해주시면 좋겠습니다. 아이가 자기주장을 하도록 돕고 그것을 달성하는 경험을 반복해서 겪도록 노력해주시기를 당부합니다. 그것이 죽어가는 아이의 열정을 살리는 가장 효과적인 방법이기 때문입니다.

. . . .

❝ 성장하는 가정을 위한 한마디 ❞

아이가 이끄는 대로 따라오려고 하지 않을 때는 이렇게 말해주세요.

"네가 원하는 걸 맘껏 같이 해보자. 우리가 응원하고 도울게."

. . . .

아들 셋의 생활 습관이
만족스럽지 않아요

아들을 셋 키우는 어머니와 상담을 한 적이 있습니다.

"제가 선생님 팬이거든요. 강의를 다 듣고 아이들에게 규칙 훈육법을 써봤는데요, 참 말을 안 들어요. 이걸 어찌해야 할지 모르겠어요."

신발 정리, 냉장고, 주방 살림, 장난감 정리, 방 정리 등 규칙적으로 아이들이 지켜야 할 부분에서 갈등이 많다는 사연이 이어졌습니다. 아기 호랑이 같은 아들이 셋이나 된다니, 집안은 분명 치워도 치워도 끝도 없었겠지요.

"제 말은 이제 듣지도 않아요."

"아버님은 아이들이랑 잘 통하나요?"

아이들의 아버님은 대화가 잘 된다고 했습니다. 어머님 혼자서 따돌림을 당하는 것 같은 느낌이 들 정도로 서운한 적도 많았다고도 했습니다. 저는 겉으로는 웃었지만 그 쓸쓸함이 가늠이 되어 안타깝기도 했습니다. 저는 세 아이가 건강하게 잘 자라는 것도 중요하지만, 어머님이 가족의 구성원으로 존중받는 것이 더 중요하다고 느꼈습니다. 그래서 이런 질문을 드렸습니다.

"혹시 어머님, 완벽주의 성향을 갖고 계신가요?"

"완벽주의자 말씀하시는 거예요?"

"네. 보통 형제 문제가 다툼, 애정 결핍, 경쟁, 애증 등에서 시작돼요. 그런데 고민을 들어보면 신발 정리, 물 안 넣어 놓기는 상대적으로 문제 성향이 강하지는 않거든요."

아들 셋 어머니는 이렇게 대답했습니다.

"그런 성향이 좀 있긴 하네요. 아이들 장난감 정리가 마음에 안 들어서 다 뒤집어서 다시 시키고도 그랬거든요. 애들이 손이 여물지 못해서…."

저는 어머님이 느끼는 쓸쓸함이 어디서 시작됐는지 금방 찾은 느낌을 받았습니다. 양육자의 기준이 높은 데서 문제가 시작된 것입니다.

양육자의 기준이 완벽에 가까우면 아이는 뭘 해도 부족한 사람이 됩니다. 장난감을 가지고 놀다가 학원 갈 시각에 맞춰 집을 나서는 정도로만 기준을 가져도 좋은데, 장난감을 말끔하게 정리까지 하고 학원 갈 시간을 맞춰야 한다면, 어느 틈엔가 부족한 아이가 되기 쉽기 때문입니다. 훈육에서 매우 중요한 영역 중 하나가 바로 지킬 수 있는 규칙 주기입니다.

아이 셋의 어머니는 이런 질문을 했습니다.

"기준이 좀 높으면 거기에 맞추려고 노력할 거고, 그러다보면 좀 더 괜찮은 사람이 되지 않을까요?"

"아이가 작은 실패를 반복해서 경험하느냐, 작은 성공을 반복하느냐에 중점을 두면 좋겠어요. 이 상황에 계속 방치되면 아이들은 자존감을 지키기 위해 엄마의 요구를 무시하기 시작할 겁니다. 엄마 요구에 맞추다보면 자기가 너무 형편없는 사람이 되거든요."

양육자의 완벽주의자 기질을 이용하기 좋은 경우가 있습니다. 아이들의 성취 관리를 하는 것입니다.

우선 아이들이 일상에서 얼마나 자주 작은 성공을 경험하는지, 실패를 경험하는지를 체크합니다. 그리고 어머니가 지시한 사항들을 실패로 끝낸 경우와 성공까지 도달한 경우를 확인합니다. 아마 실패 경험 횟수가 더 많을 것입니다. 이때 아이는 하루종일 노력했지만, 결과적으로는 비난받는 기분에서 벗어나지 못하게 됩니다. 이후에는 하기 싫은 마음이 생깁니다.

남자아이들은 특히 단순합니다. 가슴속에 내가 얼마나 대단한 사람인지를 늘 느끼고 싶어 합니다. 인정을 갈구하고 응원을 바랍니다. 아이가 무엇인가를 해냈을 때마다 엄지 손가락 하나만 올려주어도 아이와의 관계는 금방 회복될 것입니다.

66 성장하는 가정을 위한 한마디 99

아이의 생활 습관이 만족스럽지 않을 때
양육자는 이런 질문을 해주세요.

"오늘 아이 노력에 비해 내 반응이 인색하지는 않았나?"

아들의 자존감을 살리는 비결을
알고 싶어요

아들의 자존감을 살려주기 위해 선행되어야 할 과제는 자존감을 무너뜨리는 상황들을 줄여나가는 것입니다. 너무 높은 기준으로 아이에게 부족한 부분을 지적하기만 할 때, 처음부터 달성하기 어려운 과제를 부여했을 때, 아이를 가르치기 위해 먼저 아이를 꺾으려고 시도할 때, 아이들의 자존감은 꺾이고 부러집니다.

아이러니하게도 아이의 자존감을 꺾는 주범은 아이를 사랑하는 사람인 경우가 많습니다. 아이에게 좋은 것을 주기 위해 마음에 힘이 들어가는 순간, 너무 사랑해서 아이 자존감을 꺾는 일이 시작됩니다.

다음으로 중요한 일은 작은 성공을 반복하도록 돕는 겁니다.

자라다에서 아이 자존감을 가장 빠르게 회복시키는 방법은 무엇이든 아이가 원하는 것을 이루게 돕는 것입니다. 아이가 자동차를 만들고 싶다고 하면 계획을 세워 만들기를 돕고, 아이가 나무를 잘라보고 싶다고 하면 그렇게 할 수 있도록 돕습니다.

특히 위험한 도구를 사용하여 나무를 자르는 일 등은 아이가 특별한 사람이 된 듯한 마음을 느낄 수 있도록 돕는 데 특효약입니다.

별것 아닌 작은 성공이라도 귀하게 생각하고 최선을 다해 경험할 수 있도록 도와주세요. 아이는 무엇이든 해낼 수 있다는 마음의 여유를 갖게 되고, 마침내 자기 힘으로 삶을 일구는 기적을 만들 것입니다.

66 성장하는 가정을 위한 한마디 99

아아이의 자존감을 회복하기 위해
한마디만 해주세요.

"네가 할 수 있는 만큼만 해도 괜찮아.
최선을 다하지 않아도 돼."

아이가
주목받고 싶어 해요

여덟 살 민준이는 친구들에 비해 덩치가 큽니다. 그런데 학교에서 별명이 울보입니다. 하교 때 민준이 어머니가 교문 앞에서 기다리고 있으면 엄마를 보자마자 울음을 터뜨린 적이 여러 번이었기 때문입니다.

"에고…. 왜 우나요?"

민준이 어머니는 이렇게 설명했습니다.

"제가 화나는 일 있으면 엄마한테 말하라고 했거든요. 밖에서 친구들과 놀 때 자꾸 부딪히는 것 같아요. 뭔가 해보려고 하는데 잘 안 되는 것 같고요. 저를 만나면 친구들에게 답답했던 걸 말하면서 울어요. 아이한테 미술 수업을 해줘야 할지, 태권도 학원을 보내야 할지…. 고민해봤는데 방법을 모르겠어요."

저는 민준이에 관한 이야기를 듣다가, 체육 활동이나 미술로 해결되지 않을 거라는 생각을 말씀드렸습니다. 민준이 문제의 핵심은 아이가 친구들에게 시도하는 무엇인가가 있는데, 그게 미숙해서 소통이 되지 못해 생긴 답답함인 것 같았기 때문입니다.

남자아이들 가슴속에는 대부분 타인에게 영향력을 끼치고 싶은 마음이 있습니다. 처음에는 긍정적인 방식으로 시도를 합니다. 그러나 그 시도가 먹히지 않을 때는, 미숙하게라도 친구들의 반응을 이끌어내려고 잘못된 시도를 합니다. 그러면 아이들은 민준이를 피하게 되고 소통에도 단절이 일어나는 것입니다.

민준이에게는 '네가 새로운 시도와 노력을 하지 않아도 충분히 사람들에게 좋은 영향을 줄 수 있다'는 걸 알려줘야 합니다. 아이 가슴속에 일종의 구멍이 있기 때문에 생기는 행동이 바로 누군가에게 영향을 주려는 노력입니다.

'나는 괜찮은 사람인데! 나는 좋은 사람인데!'라는 마음이 억울함이나 답답함으로 변질되지 않도록 주변에서 아이의 마음을 보듬어야 합니다.

"그런 이야기는 제가 평소에 많이 해요. 너 정말 괜찮은 사람이야, 엄마가 너 정말 많이 사랑해, 하면서 사랑을 많이 줘요."

저는 민준이 어머니를 통해 가정 환경에 대한 설명을 듣다가 이런 말을 했습니다.

"민준이 문제의 핵심은 엄마가 아이에게 해주는 것이 아니라 아이가 엄마에게 무언가 베풀 수 있도록 하는 거예요. 엄마가 아이에게 영향력을 행사하는 것이 아닌, 아이가 엄마에게 중요한 사람이 되어보는 경험을 주는 거죠."

민준이와 같이 친구들에게 영향을 주고 싶어 하는 아이에게는 이런 방법이 도움이 됩니다. 당분간 아이에게 집에서 중요한 일을 자꾸 맡겨보는 것입니다.

저는 민준이와 비슷한 성향을 가진 친구들에게는 톱질을 많이 시킵니다. 톱질이 쉽지 않고, 또래 친구들이 경험해보기 어렵기 때문입니다.

"힘들어도 힘 빼고 계속 네가 이기나 내가 이기나 해보자고 시도 하다보면 결국 잘려요. 이럴 때, 이렇게 말해주세요. '넌 다른 친구들은 못 해본 일을 한 거야!' 그 말 한마디가 아이에게 기운을 북돋을 거예요."

· ·

❝ 성장하는 가정을 위한 한마디 ❞

좋은 사람이 되고 싶어하는 아이에게 이렇게 말해주세요.

"이것 좀 도와줄래?"

· ·

잘하는 것이 한 가지는
꼭 있어야 할까요

일곱 살 민준이는 또래에 비해 발달이 느립니다. 말도 늦고 행동도 조금은 느리지요. 여자아이들이 놀이에 끼워주지 않기 시작하면서부터 민준이는 자신이 친구들과 조금 다르다는 것을 인지하게 됐다고 합니다. 맞벌이 부부인 민준이 부모님은 아이가 유치원에서 자주 의기소침해지는 것이 가슴이 아픕니다.

"아이에게 즐거운 일이 반복적으로 생겨나면 좋을 텐데요. 민준이는 무얼 좋아하나요?"

"얼마 전에 오케스트라를 좋아하기 시작했어요."

"오, 클래식 음악이라니! 멋진데요?"

저는 민준이가 좋아하는 것을 찾게 된 것이 행운처럼 느껴졌습니다. 그런데 민준이 어머니에게는 또 다른 고민이 있었습니다. 민준이가 자꾸 입으로 이상한 소리를 내며 다닌다는 겁니다.

"자꾸 입으로 이상한 소리를 내는 거예요. 시소를 보면서 '얘는 콘트라베이스'라고 하고요. 그러니까 다른 엄마들이 민준이를 피해요. 민준이 자체가 오케스트라에 빠져서 친구들과 더 어울리지 못하는 것도 같아요."

기저귀가 필요한 민준이이지만, 오케스트라 하나만큼은 또래 친구들보다 예민하고 섬세하게 반응한다고 민준이 어머니가 설명을 덧붙였습니다.

"민준이 아버님은 뭐라고 하시나요?"

"남편은 아직 아이가 다 큰 것도 아니니까 존중해주자고 해요."

민준이 어머니는 소아정신과 상담도 고려하고 있었습니다. 저는 민준이 어머니에게 조심스레 말씀드렸습니다.

"소아정신과는 제 영역이 아니라 저는 교육자 입장에서만 말씀드릴게요. 만일 아이가 전체적으로 느린데 좋아하는 게 없었다면 먼저 자신의 영역을 찾도록 돕자고 조언했을 거예요. 그런데 아이가 먼저 자신의 영역을 찾았잖아요? 아이가 나름 최선을 다하고 있는 거라고 생각해요. 느린 아이들도 자신이 느리다는 걸 모르지 않거든요. 친구들에 비해, 동생에 비해…. 느리다는 평가를 접할 때마다 자존감이 떨어질 거예요. 겉으로 표현하지 않을 뿐이죠."

이 말에 민준이 어머니는 동생과 자신을 비교할 때도 있다고 설명을 했습니다.

민준이는 나름 자신의 자존감을 보호하기 위한 수단으로 오케스트라를 선택했을지도 모릅니다. '나는 오케스트라는 누구보다 잘 알고 소리 흉내도 잘 내!' 하면서요.

이야기를 이어나가다보니 민준이 어머니의 세 번째 고민이 등장했습니다.

"아이가 친구들보다 하나는 뛰어나야 할 것 같거든요. 또래보다 발달이 느리니까요. 그래서인지 다른 아이들처럼 단짝 친구가 없어요."

저는 이런 질문을 드렸습니다.

"민준이에게 단짝 친구가 꼭 필요하다고 생각하시는 거죠?"

"그럼요. 그렇지 않은가요?"

저는 민준이 어머니와 생각이 달랐기에, 지금 민준이에게 필요한 것들을 알려드리기로 했습니다.

아이가 스스로에 대한 자신감을 찾지 못한 상태에서 친구 관계만 맺으려고 하면 주변 환경에 의존하는 정도가 높아집니다. 친구랑 동등하게 노는 게 아니라 눈치를 보고 살피면서 의기소침해지는 것입니다.

이것은 잘못된 관계라고 할 수 있습니다. 이 상황에서는 아이 스스로 '나는 괜찮은 사람이야'라는 느낌을 충분히 느끼게 하는 게 더 중요합니다.

확률적으로 여자아이가 남자아이에 비해 단짝을 만들어 활동하는 성향이 더 강합니다. 그러니 여자로 태어난 어머님들은 본인의 경험으로만 봤을 때 아이에게 무엇보다 단짝 친구가 필요하다고 생각할 수도 있습니다.

하지만 남자아이들은 단짝이 없어도 잘 지내는 경우가 많습니다. "누구랑 제일 친해?"라고 물으면 "똑같이 친해요"라고 하는 경우가 정말 많지요.

단짝보다도 나 자신이 얼마나 멋진지를 생각하는 데 더 집중합니다. 힘이 센지, 달리기가 빠른지 같은 문제에 집중하는 경향이 있습니다. 민준이 어머니는 공감했습니다.

"그렇네요. 사실 우리 민준이도 친구들에게는 관심이 별로 없어요."

그러니 민준이에게 남은 문제는 어머니의 시각입니다. 주변의 평가에 양육자가 덜 민감해지는 것만으로도 아이는 금방 자신감을 얻습니다.

다른 아이에게 피해를 주는 것도 아니니 우리는 조금 더 아이에게 집중하면 좋겠습니다. 저는 마지막으로 이런 말씀을 드렸습니다.

"아이가 나중에 클래식 음악에 꿈을 가져도 좋고, 설사 그렇게 되지 않아도 상관없다고 생각해주세요. 다만 자신의 영역을 찾아 스스로의 자존감이 떨어지지 않도록 부여잡고 있다는 점이 참 멋지고 대견한 거라고 생각해요. 스스로에게 긍정적인 평가가 더 생긴다면, 앞으로 다른 친구들과 관계를 맺을 때 상당한 힘이 되어줄거예요."

❝ 성장하는 가정을 위한 한마디 ❞

아이가 꼭 하나는 뛰어나게 잘해야 한다는
압박감을 느낄 때 스스로에게 말해주세요.

"친구를 더 많이 사귀기 위해, 인기를 얻기 위해
하나의 재능이 필요한 것은
정말로 아이를 위한 일일까?"

8장

사회

"가르침보다는, 마음을 알아주는
한 사람이 필요합니다."

엄마
열 살 아들이 선생님에게 자주 혼나요. '오늘 학교에서 재미있었어?' 하고 물으면 '나 오늘 혼났다!' 하고 웃고요. 이런 일이 너무 자주 있으니까 걱정되고 속상해요.

아이가 '엄마 나 한 번 혼났다!' 하고 좋아하나요?

최쌤

엄마
네, 걔는 웃으면서 말하더라고요.

아이가 혼난 걸 자랑스럽게 말하는 이유도 고민해보셨나요?

최쌤

엄마
아니요. 그런 걸 자랑스럽게 생각할 수도 있나요?

아이들은 교실에서 자기 지위를 올리는 방식을 본능적으로 고민해요. 그런데 그 방식이 남자아이와 여자아이가 다르답니다.
남자아이들은 선생님에게 얼마나 순종하지 않고 무모한 행동을 하는지, 그걸로 어떻게 혼났는지가 멋있어 보일 수도 있고 인기를 얻는 척도가 될 수도 있어요. 심리학 연구들을 보면 유아기에서 사춘기까지 남자아이들은 혼자 있을 때는 위험한 행동을 하지 않다가도 누군가가 지켜보면 무모한 행동을 한 결과가 많아요.

최쌤

'학교에서 무모한 행동을 하거나 다치는 아이들은 왜 꼭 남자아이들인가?'에 대한 대답이 되는 대목이죠.

아들이 유독 학교생활에
적응을 못 하는 것 같아요

초등학교 입학은 모든 아이에게 대단한 사건입니다. 유치원을 떠나 새로운 사회에 소속감을 갖고 미래를 준비하는 첫 날은 아이들에게 상당한 설렘을 가져다줍니다. 그리고 그 설렘의 크기만큼 스트레스가 되기도 합니다.

아이들은 이제 학교 규칙과 사회의 질서에 자신을 맞춰가야 합니다. 욕구를 조절하고 단체에 소속되어 규칙을 배우는 일은 인간에게 중요한 과정입니다. 혼자 살기보다 어떤 형태로든 단체에 소속되어 살아갈 때 소속감, 안정감, 행복감이 고조되어 삶의 만족도가 올라가기 때문에, 어른들이 강요해서가 아니라 본능적으로 그 규칙을 따르려고 아이들은 노력합니다.

그러다보니, 아이가 가진 성향이 학교와 맞지 않을 때 상당한 괴로움이 밀려옵니다. 교육 현장에서 아이들을 만나다보면 학기 초 남자아이들에게 유독 틱 현상이 생기는 비율이 높아지는 것을 목격하게 됩니다.

의학적으로, 생물학적 남녀 발달 차이만 봐도 남자아이가 여자 아이에 비해 소근육 발달, 언어 지능, 독해 능력, 사회성 모두에서 차이를 보입니다. 대개 그 능력이 여자아이보다 늦됩니다. 이 점을 인지하고 다시 학교를 보면, 학교는 남자아이들의 자존감을 다소 떨어뜨리는 공간이 되기도 합니다.

틱은 초기에 단순히 뜯어고쳐야 하는 괴상한 버릇 정도로 보입니다. 그런데 "너 눈 깜빡하지 마! 어허!"라고 혼내거나 지적하면 할수록 심해지는 모습이 나타납니다. 부모님은 '이게 말로만 듣던 틱이구나, 내가 무엇을 잘못한 것일까?' 여러 생각이 들기 시작합니다.

이럴 때를 대비해 남자아이들이 유독 학기 초에 틱이 많이 나타난다는 통계를 알아두시면 좋겠습니다. 꼭 양육자가 잘못하지 않아도 이런 일은 일어날 수 있습니다.

갑자기 많은 규칙과 학습 내용을 소화해야 하는 압박감 때문에 일시적으로 틱 장애가 발생할 수 있습니다. 틱 장애의 요소를 가지고 있었다가 한꺼번에 여러 가지 스트레스를 받으면서 드러나는 경우도 있습니다.

만약 아이가 학교 적응을 힘들어하고 안 하던 행동을 하기 시작했다면, 훈육을 하기 전에 이 아이가 유치원 생활은 어땠는지 되돌아봐주세요. 적응하기 어려워하는 아이에게는 훈육보다 따뜻한 마음이, 지적보다는 응원하는 시선이 필요합니다.

요즘은 정신건강의학과에서도 소아를 대상으로 한 심리 검사를 하고 있기 때문에 도움을 받을 수 있을 것입니다. 집에서 부모님의 힘으로 모든 것을 해결하려 하지 마시고, 전문가에게 도움을 요청하는 용기가 필요합니다.

❝ 성장하는 가정을 위한 한마디 ❞

초등학교 생활을 시작한 아이가 갑자기 이상한 행동을 보이거나
적응하기를 어려워한다면
부모님은 스스로에게 이렇게 말을 해주세요.

"틱은 지적한다고 바뀌는 영역이 아니야.
전문가를 만나보자."

선생님에게 자꾸 지적받으니
대안학교를 고민하게 돼요

    초등학교 2학년 민준이는 학교와 집에서 "눈치 없고 산만한 아이"로 평가받습니다. 민준이 어머니는 학교에서 자주 지적받는 아이 모습을 보며 답답함을 느낍니다.

    "저희 아이에게 ADHD가 있는 건 아니거든요. 산만한 건 맞아요. 장난을 많이 치니까 선생님한테 나쁘게만 보여서 지적을 자주 받는 걸까 싶기도 해요. 차라리 전학을 가는 식으로 환경을 새로 만들거나, 산만함을 받아줄 대안학교를 찾는 게 좋을까요?"

    아이가 계속해서 지적을 받아온다는 사실만으로 민준이 어머니는 큰 스트레스를 받고 있었습니다. 아이가 지적받지 않는 환경으로 가면 좋아질까, 하는 고민을 읽을 수 있었습니다. 교육 과정이 잘 정비되어 있는 대안학교가 많습니다. 때문에 아이가 공교육보다는 좀 더 자율적이고 창의적인 분위기에서 자신을 알아가는 게 중요하다는 결론이 나면 대안학교로 가는 것도 하나의 방법이 될 수 있습니다.

아이가 지금 상황에서 힘들어하고 있기 때문에 환경을 바꿔주려는 시도가 나쁜 것은 아닙니다. 그러나 아이가 힘든 상황에 놓일 때마다 환경을 바꿀 수는 없습니다.

결국 중요한 것은 부모님의 생각이 아니라 아이의 마음입니다. 대안학교로 보내고 안 보내고 보다는 부모님과 아이가 한팀이 되었는지를 확인하는 게 중요합니다.

전학이나 학교 선택보다 훨씬 중요하게 만들어줘야 할 환경이 있습니다. 집입니다. 아이가 심리적으로 압박감을 느끼고 괴로워할 때 자신의 마음을 털어놓고 상의할 수 있는 곳, 그럴 상대가 필요합니다.

어머님과 상담할 때 아이에 대한 답답함이 느껴졌습니다. 어쩌면 아이에게 진짜 힘든 곳은 학교가 아니라 집일 수도 있다는 생각이 들었습니다.

가족과 행복하면 밖에서의 힘듦도 어느 정도는 버텨낼 수 있습니다. 최악은 밖에서 생긴 문제를 집으로 끌고 가 그곳마저 아이에게 지옥이 되는 겁니다.

사람은 힘든 상황을 겪어야 발전합니다. 남녀노소를 불문하고 그렇습니다. 다만 힘든 상황을 이기기 위해 반드시 필요한 조건이 있습니다. 자신의 마음을 터놓고 말하고 공감해줄 사람입니다. 사람은 모든 것을 믿고 털어놓을 수 있는 단 한 명만 있다면 어떤 위기와 고난에서도 버틸 수 있습니다.

저는 민준이 어머니에게 이런 질문을 드렸습니다.

"어머님과 아이의 관계는 지금 어떤가요?"

민준이 어머니는 "사실 사이가 그리 좋지 않아요" 하며 그동안의 일들을 들려주었습니다.

학교에서 직접 연락이 오기도 하고, 알림장 등을 통해 아이에게 일어난 일들을 접하다보니 가정에서는 아이를 가르쳐야 한다는 압박감을 느끼기도 하고, 자존심도 상한다는 것입니다. 그래서 아이의 마음을 듣기보다는 "하지마" "안돼" 같은 말들만 하게 되었고, 이제는 사이가 많이 틀어진 것 같다고 했습니다.

저는 아이를 대신해 말해줄 사람이 필요하다고 느꼈습니다. 그래서 이런 말씀을 드렸습니다.

"어머님, 민준이는 이미 학교에서 힘든 싸움을 하고 있어요. 지금 가정에서도 민준이 마음을 알아주지 않는다면 민준이 마음은 외통수를 맞은 느낌일 겁니다. 더 이상 의지할 곳이 없어요. 학교 문제에 가려졌지만, 엄마와 민준이의 안 좋은 관계가 본질적인 문제일지 모릅니다."

민준이의 가족에게는 관계 개선이 필요했습니다.

아이는 성장하면서 계속 힘든 일을 겪게 될 것입니다. 그럴 때 양육자는 아이가 힘든 상황을 겪지 않게 환경을 단속하고, 아이의 마음 건강도 돌봐야 합니다. 곁에서 지지해주고 응원해주고 때로 안내해주는 어른이 있다는 것을 아이가 알도록 해줘야 할 것입니다.

· ·

❝ 성장하는 가정을 위한 한마디 ❞

아이가 학교에서 지적받다가 주눅이 들었을 때는 이렇게 말해주세요.

"우리 민준이 보면, 엄마는 기분이 좋아. 민준이가 있어서 기뻐.
민준이 생활도 궁금해. 학교에서 뭐가 제일 힘들어?"

· ·

아이가 사회성이
부족한 것 같아요

중학교에 입학한 민준이가 학교생활을 버거워한다는 것은 첫 학기가 끝날 즈음 민준이의 담임 선생님과 어머니가 면담하면서 알게 된 사실입니다.

담임 선생님은 민준이가 다른 아이들에 비해 사회성이 조금 부족한 것 같다고 했습니다. 소통을 할 때 대화의 문장이 완벽하지 못하고, 때때로 다른 아이들의 감정에 공감하지 못해 갈등을 겪었다는 이야기를 듣고 민준이 어머니는 조금 충격을 받았다고 합니다.

"저희 민준이가 어렸을 때도 ADHD나 발달 지연 같은 건 없었거든요. 그런데 왜 소통이랑 공감 부분에서 어려움을 겪었는지 모르겠어요. 그런데 한 학기 내내 그 문제로 선생님께도 지적받고 아이들 사이에서도 어색했다고 하니까 다음 학기에 왕따당할까봐 두려워져요. 사실 중학교에 입학하고서 저랑도 사이가 멀어졌는데, 저는 그저 사춘기라 이러겠거니 생각했거든요."

"민준이가 취미 생활이나 좋아하는 활동이 있나요?"

"아니요. 딱히 그런 것은 없어요."

저와 민준이 어머니는 아이 상태를 짐작해볼 수 있는 대화를 좀 더 나눴습니다.

아이가 사춘기에 접어든 후에 또래 집단 혹은 교육 환경에서 어려움을 겪게 되면 아이의 마음을 편하게 만들 수 있는 다른 환경을 찾는 것도 중요한 방법입니다. 사회성이 조금 부족한 대신 다른 능력이 출중한 경우가 아주 많기 때문에, 자신이 좋아하는 대상에 강하게 몰입하는 아이인지 다시 살펴야 할 때입니다. 특히 남자아이라면 더욱 그렇습니다.

이런 친구들도 일정 시간을 잘 버티고 나면 나름의 요령을 갖게 됩니다. 그래서 고등학교에 올라간 후부터는 또래 친구들과 무리 없이 어울리며 단체 생활을 잘해낼 가능성이 높습니다.

그렇지만 아이의 상태를 잘못 판단하고 버티게 하면 자존감 하락과 더불어 여러 가지 나쁜 징후들이 나타납니다.

예를 들어 ADHD를 겪는 아이들이 그렇습니다. 경미한 수준의 ADHD는 주변 사람들이 보기에 좀 부산한 정도입니다. 그러다 성장하면서 불안장애를 겪습니다. 부산함은 타고난 기질이지만 불안장애는 주변의 지적과 따가운 시선에서 비롯되기 때문에 우울증이 함께 오는 경우가 많다고 합니다.

그러니 담임선생님이 보기에 또래 아이들과 소통 문제가 있고 지나치게 부산스럽다고 하면, 부모님은 아이를 위해 검사를 받아볼 필요가 있습니다. 만약 검사 결과에서 걱정했던 일이 없다면 아이가 환경에 잘 버텨내도록 도와주고 이끌어줘야 합니다.

여기서 '버티기 좋은 환경'이란 아이가 지지받는 비율을 높이는 것입니다. 아이에게 학교와 가정 두 가지 사회만 존재한다고 가정해보겠습니다. 가정이 행복해도 학교가 힘들면 아이 입장에서는 힘든 공간과 나를 이해해주는 공간에 대한 비율이 50 대 50이 됩니다.

그런데 아이가 미술학원에서 자신의 기량을 마음껏 발휘하고 친구들에게도 환영받는다면, 집과 미술학원에서 받은 지지와 에너지가 있기 때문에 학교생활을 잘 버텨나갈 수 있습니다.

이렇게 긍정적인 환경이 늘어나면 학교에서의 힘듦은 아이 인생에서 크게 중요해지지 않습니다. 저는 아이를 받아주지 않는 환경도 좋지 않지만, 전적으로 받아만 주는 환경도 위험하다고 생각합니다.

학교생활을 잘 버텨나가는 방법의 핵심은 아이가 충분히 인정받을 수 있는 공간과 사람들을 늘려나가는 데 있습니다.

지금 아이가 잘할 수 있고 좋아하는 것을 개발하게 도와주세요. 부모님이 지혜와 안목으로 아이의 가능성을 발견해야 합니다. 사소한 것이라도 아이가 자신의 힘으로 자존감을 높여야 합니다. 이러한 노력이 아이의 삶에서 중요한 기반이 된다는 사실을 모두가 기억해야 합니다.

. . . .

66 성장하는 가정을 위한 한마디 99

학교가 아이 자존감을 낮추는 공간이 되어간다면,
학교를 그만두기 이전에,
자존감을 올려주는 다른 공간을 늘리는 것부터 검토해보세요.

"우리 아이가 마음껏 인정받고
자존감이 살아날 수 있는 공간은 어디일까?"

. . . .

아들이 수업 시간마다
엉뚱한 질문을 해요

아들과 딸의 차이점은 행동을 하는 근본적인 욕망이 다르다는 사실입니다. 여자아이는 타인과의 연결감이 중요하고 남자아이는 모험 정신과 능력이 중요합니다.

초등학교 3학년 민준이는 호기심이 많습니다. 엉뚱한 질문도 자주 합니다.

"선생님, 비는 떨어지는데 구름은 왜 가라앉지 않아요?"

"선생님은 왜 바지가 항상 어두운 색이에요?"

"우리 엄마는 왜 이렇게 밥을 맛없게 할까요?"

민준이가 갑자기 수업 시간에 하는 질문들은 아이들을 웃음바다에 빠트리기도 하지만, 보통 담임선생님을 난감하게 만들 때가 많다고 합니다.

"민준이를 혼내야 할까요?"

민준이 어머니는 따끔하게 훈육해야 하는지를 물었습니다. 저는 민준이 어머니께 이런 질문을 했습니다.

"아이가 반에서 인기가 많고, 유머 감각이 좋은 아이인가요?"

민준이 어머니는 이렇게 대답했습니다.

"친구들이랑 큰 갈등 없이 지내기는 하고요, 유머 감각이 좋은지는 잘 모르겠지만 시도를 많이 하는 것 같아요."

"민준이가 질문하는 목적은 진짜 궁금해서가 아니라, 누군가를 웃기기 위해서일 수 있어요. 정말로 이런 의도를 갖고 있다면 크게 혼내더라도 소용없을 거예요."

저는 민준이가 학급에서 자신의 정체성을 고민하다 웃긴 아이로 스스로의 캐릭터를 만들었다고 느꼈습니다. 나름 사회생활을 열심히 하고 있는 듯했습니다.

민준이 어머니는 훈육을 하지 말라는 것이냐고 다시 물었습니다. 저는 이렇게 대답했습니다.

"아이가 질문으로 수업을 방해하거나 누군가에게 무례하게 굴때가 있다면 그런 행동은 멋지지도 웃기지도 않고 가볍게 밀해주는 자극은 필요할 것 같아요. 틈새를 노리는 행동을 하지 않아도 내가 괜찮은 사람임을 증명하는 길이 충분히 있다는 것을 알려주는 게 훨씬 효과가 좋을 거예요."

저는 민준이 또래 아이들이 가진, 미숙한 방식이라도 자신을 증명하고 싶은 마음을 설명했습니다.

"선생님이 크게 혼내기 전에 제가 혼내는 게 좋지는 않나요?"

민준이 어머니는 다시 질문을 했습니다.

저는 민준이 어머니에게 아이가 교실에서 누군가를 공격하거나 피해를 주지 않는 이상, 아이의 학교생활은 담임 선생님에게 맡기는 편이 좋겠다고 말씀드렸습니다. 아직 담임 선생님이 어떤 결정을 내리지 않았을 때 섣부르게 가정이 먼저 나서면 아이는 교육의 통일성을 느끼지 못하고 혼란스러워합니다.

그러니 걱정스럽더라도 한 걸음 물러나 있는 게 좋습니다. 초등학교 2학년에게는 엉뚱한 질문을 할 권리가 있습니다.

학교에서 수업 시간을 방해하는 아이를 만나면, 어른들은 그 아이에게 심리적 문제가 있을 거라고 생각합니다. 하지만 실제로는 별문제 없는 경우가 정말 많습니다. 단순히 자신이 속한 집단에게, 또래에게 인정받기 위한 행동을 하려는 의도일 때가 많다는 것입니다.

아이가 행동하게 된 이유를 제대로 이해하기 위해서 아이가 가진 기질을 바르게 알고자 노력하는 것이 가장 중요하지만, 아이가 속한 사회의 속성을 이해하는 것도 중요합니다.

아들에게 남자 친구들 무리에 소속되고 인정받는 일은 세상에서 가장 중요한 과제입니다. 아들 무리에선 웃긴 아이들과 선생님에게 용감하게 덤비는 아이들을 인정해주는 분위기가 있기 때문입니다. 이런 부분들을 충분히 생각해본 후 아이의 행동을 돌아봐주시기를 당부드립니다.

아이를 훈육하기 전 부모님이 아이가 소속된 곳의 선생님과 적극적으로 대화해야 합니다. 부모님이 알고 있는 아이의 성향과 장단점이 학교와는 얼마나 차이가 있는지, 아이는 소속된 곳에서 어떻게 생활하고 평가받는지 지혜롭게 질문해보세요.

❝ 성장하는 가정을 위한 한마디 ❞

아이가 학교에서 엉뚱한 행동을 할 때
선생님께 이렇게 질문해주세요.

"저희 아이 때문에 난감할 때가 많으시죠?
반 친구들은 저희 아이를 어떻게 생각하는지 궁금합니다."

아이가 관심받기 위해서
지나치게 자주 크게 웃어요

태어난 지 40개월이 된 민준이는 요즘 엄마에게 웃지 말라는 말을 정말 많이 듣습니다.

"그렇게 웃으면 안 돼."

"지금은 웃는 거 아니야."

얼마 전 민준이 유치원 담임 선생님이 집으로 전화를 했기 때문입니다.

담임 선생님은 민준이가 근래에 작은 일에도 너무 크게 웃거나, 웃을 일이 아닌데 억지로 웃는 일을 반복해서 한다는 소식을 전해왔다고 합니다. 이따금 선생님을 따라다니면서 웃기 때문에 선생님이 다른 친구들에게 집중하는 데에도 지장을 준다는 말에 민준이 어머니는 생각이 복잡해졌습니다.

"선생님, 제가 민준이를 너무 오냐오냐 키운 걸까요? 민준이 장난이 너무 심한 거지요? 가정교육은 제법 신경을 썼는데, 좀 부끄러워요."

남녀의 생물학적 차이 중 하나는 조절 능력입니다. 남자가 여자보다 그 능력이 부족합니다.

정서 통제를 전담하는 전전두엽 발달이 남자아이가 여자아이보다 늦기 때문입니다. 아마 가정에서 아무리 훈육을 엄격하게 하더라도 40개월 민준이가 갑자기 그 웃는 습관을 고치지는 못할 것입니다.

민준이의 웃는 버릇은 어른의 시선에서 보면 문제이지만 시간이 흐르면 해결될 일입니다. 아이의 통제 조절 능력 부족으로 생기는 작은 사건들은 당분간 없어지지 않을 것입니다. 어쩌면 더 다양한 모습으로 어른들을 놀라게 할 수도 있습니다. 이것은 기질에 가깝습니다.

아이가 가진 기질을 세상과 맞춰나가는 과정이 훈육입니다. 이 훈육으로 아이 기질이 한번에 변하지는 않습니다. 다만 아이가 지켜야 할 규칙을 꾸준히 알려준다는 생각으로 아이 행동에 접근해야 합니다. 그리고 선생님과 당분간 어떤 훈육을 하는지 공유를 자주하면 더 좋습니다.

아이와 관련해 갑작스럽고 당황스러운 소식을 듣게 되었을 때 우리가 주의해야 할 것이 있습니다. 어린이집 담임 선생님이 가정교육의 평가자라는 시각에서 벗어나야 합니다.

선생님은 가정교육을 평가하는 사람이 아니라, 미숙한 40개월 아이에게서 당연히 나오는 부족한 부분에 대한 소식을 공유하는 사람입니다.

때로는 선생님과 함께 의논하고 훈육의 합을 맞춰주세요. 이렇게 아이 훈육을 함께하는 파트너라는 시각으로 어린이집 선생님과 소통해야 마음이 한결 편안해질 수 있습니다.

훈육의 합이 맞춰지지 않으면 아이는 혼란스러워합니다. 이 문제에서 가장 나쁜 일은, 아이를 대하는 시선에 부모님과 선생님이 차이가 크게 나는 경우입니다.

부모님과 선생님이 서로 신뢰하지 않아서 생기는 의견 차이는 부정적인 결과로 이어집니다. 그리고 그 결과의 몫은 고스란히 아이 것이 됩니다.

훈육 규칙을 완벽하게 세우고 의견을 완전하게 통일하려고 애쓰기보다는, 조금 부족한 규칙이라도 함께 지키려고 얼마나 노력하느냐가 중요합니다.

선생님이 아이의 성향과 행동에 관해 이야기할 때는 육아 파트너가 우리에게 정보를 공유해준다고 생각해주세요. 어린아이는 완벽하지 않기 때문에 유치원에 가고 학교에 갑니다. 선생님과 부모님은 파트너로서 함께 정보를 공유하며 한 팀처럼 아이에게 세상을 알게 해주면 됩니다.

선생님이 아이의 문제를 언급할 때 이를 온전히 엄마 문제로 받아들이지 말고, 아이에 관한 칭찬도 온전히 엄마의 공으로 받아들이지 않는 연습이 필요합니다.

어린아이라는 특수성 이해하기. 선생님과 한 팀 되기. 이 두 가지를 꼭 기억해주시기 바랍니다.

&& 성장하는 가정을 위한 한마디 &&

선생님으로부터 아이에 관한 문제를 전달받았을 때
스스로에게 이렇게 밀해주세요.

"선생님과 우리는 한 팀이 되어서 아이에게 규칙을 알려주는 거야.
아이가 미숙한 건 당연한 거야."

아이가 선생님에게 반항을 해요

열두 살 민준이는 얼마 전에 수영 선생님께 반항을 했습니다. 12년 평생 어른에게 대들거나 싫은 내색을 해본 적 없는 아이로 자랐기 때문에 민준이 어머니는 그 소식을 듣고 많이 놀랐다고 합니다.

"선생님이 안전 규칙을 알려주려는데 자꾸 딴생각을 하는 것 같더라는 거예요. 그래서 선생님이 '민준이 오늘 자꾸 딴생각하는데, 집에 연락드릴 거야'라고 했더니 '하세요'라면서 반항을 하더래요. 제가 죄송하다고 사과드린 후에 나중에 아이랑 찾아가서 다시 죄송하다고는 했는데, 아이가 갑자기 왜 그랬는지 모르겠어요."

민준이는 평소에 성향이 거친 남자아이들과는 잘 놀지 않았다고 합니다. 특히 태권도 같은 것도 하기 싫어할 만큼 공격적인 성향 자체에 거부감을 갖는 아이였습니다.

그런 민준이가 딴생각하는 것뿐 아니라 선생님이 전화를 해야 할 정도로 반항을 했다면, 아이에게 어떤 기류가 생긴 것은 확실했습니다.

언젠가 제가 가르쳤던 아이 중에는 다소 내성적인 아이가 있었습니다. 같이 물놀이를 해도 다른 아이들이 다 씻을 때까지 기다리는 아이였습니다. 자기 몸을 누군가에게 보여주는 것이 부담스럽고 싫다고 조심스럽게 말하는 친구였습니다. 민준이도 그 친구와 많이 닮았다고 느껴왔는데, 의외의 지점에서 민준이의 반항 소식을 들으니 걱정이 됐습니다.

"혹시 민준이 환경이 바뀌었나요?"

저는 이런저런 생각을 하다가 민준이 어머니에게 질문을 했습니다.

"아, 수영 반을 옮기긴 했어요. 2년 동안 쭉 같은 친구들이랑 해오다가, 선생님이 다른 반으로 옮기신다고 해서 선생님 따라 반을 바꿨어요."

저는 민준이 어머니 말에서 힌트를 얻어 이런 말씀을 드렸습니다.

"예전에 민준이랑 성격이 굉장히 비슷한 친구를 가르친 적이 있어요. 얼마 전 대학을 갔는데, 이 친구가 동아리 회장도 되고, 시위도 한다는 거예요. 만나보니까 분위기가 확 변했더라고요. 저도 놀랐고, 오랫동안 그 친구를 지켜보았던 다른 선생님들도 많이 놀랐어요. 아무도 예측할 수 없는 변화였죠. 사실 그 아이 속에는 변하고 싶었던, 되고 싶었던 모습이 있었던 거예요. 변화할 수 있는 가장 좋은 기회가 나를 모르는 새로운 그룹 속에 들어갔을 때잖아요. 민준이도 비슷한 맥락이 아닐까요?"

남자아이는 여자아이와 다르게 권위자에게 순종하기보다 도전하는 모습을 보여줌으로써 친구들 사이에서 지위를 올리려고 합니다. 평소 한 번도 과격하거나 공격적인 모습을 보이지 않았던 아이라고 해서 또래에게 인정받고 싶은 욕구까지 없다고 보는 것엔 무리가 있습니다.

조용한 아들의 가슴속에도 강해지고 싶은 욕구와 누군가를 이기고 싶은 승부욕이 잠자고 있을 때가 많습니다. 그것이 여러 가지 사정으로 눌려 있다가 발현될 때 상당히 미숙하고 어색한 모습으로 나오기도 하는데, 아이 인생을 길게 보면 반드시 도전해야 할 순간일지도 모릅니다.

"어쩌면 민준이의 소심한 시도였는지도 모르겠어요. 우선은 지켜봐주세요. 큰 문제가 없다면 조용히 응원해주는 게 더 좋은 방법일 것 같아요."

저는 조심스럽게 민준이 어머니에게 조금만 지켜봐달라는 말씀을 드렸습니다.

내향적이고 섬세한 아들에게는 남자아이들 사회에서 살아남기 위해 본인만의 방법을 키워나가야 하는 숙제가 있습니다. 아이는 조심스럽게 자신이 동경하는 모습과 실제 자신의 모습 간의 차이를 줄이기 위해 노력 중일 것입니다.

❝ 성장하는 가정을 위한 한마디 ❞

얌전하기만 했던 아이가 갑자기 반항하는 모습을 보였다면
부모님은 스스로에게 이런 이야기를 해주세요.

"우리 아이가 스스로 성장하려고 시도를 했는지도 몰라."

다른 사람들이
우리 아이에 대해 나쁘게 말해요

여덟 살 민준이 어머니에게는 이런 고민이 있습니다.

"다른 엄마들이 제가 없을 때만 아이가 공격적인 행동을 한다고 수군거려요. 그런데 우리 아이가 절대로 거짓말을 안 하거든요. 본인은 밖에서 누굴 때렸다고 하지 않아요. 저는 아이를 믿어주고 싶어요. 어떻게 해야 하지요?"

아이는 집과 밖에서의 모습이 확연히 다릅니다. 아이가 "누군가를 때렸거나 공격적인 성향을 보이지 않았다"라고 거짓말을 하고 있을 가능성도 생각해야 합니다. 아이들에 대한 잘못된 환상 중 하나는 아이들은 순수해서 거짓말을 안 한다고 믿는 것입니다. 우리 아이도 공격적인 행동을 할 수 있고, 그것은 바로잡아주면 될 일입니다. 내 아이는 무조건 착할 것이라는 착각에서 벗어나려고 매순간 노력해야 합니다. 그렇다고 해서 아이를 믿지 말라는 뜻은 아닙니다.

아이 부모가 없는 자리에서 아이를 질타하는 어른들의 행동은 분명히 잘못되었습니다. 하지만 아이가 거짓말을 하지 않을 거라는 전제를 두고 세상을 대하면 나중에 부모님은 큰일을 겪을 수도 있습니다. 아이가 사춘기가 되었을 때, 친구들과의 갈등을 겪을 때 "우리 애는 그런 아이가 아니에요"라고 힘주어 말했다가 난감한 일을 겪는 부모님들을 종종 보아왔습니다.

지금 이 사연의 주인공 어머니가 고민에 빠진 이유는 사실 따로 있습니다. 다른 사람들이 자신의 자녀를 평가했기 때문입니다. 우리는 사실 여부와 상관없이 타인의 자녀를 평가하고 조언하는 데 매우 조심해야 합니다. 부모는 누구나 최선을 다해 아이를 이끌고 있다는 것을 항상 기억해두면 좋겠습니다.

· ·

❝ 성장하는 가정을 위한 한마디 ❞

아이가 밖에서 거짓말을 한다는 소식을 들었을 때
자신에게 이렇게 말해주세요.

"집에서는 하지 않지만, 밖에서는 그럴 수 있어.
나중에 아이와 대화해보자."

· ·

아이가 거짓말을
시작했어요

여섯 살이 된 민준이는 집에서도 유치원에서도 거짓말을 해서 자주 혼이 납니다.

"이러다가 정말 큰 거짓말도 서슴지 않고 하게 될까봐 걱정이에요. 어떻게 가르쳐야 할까요?"

부모님은 아이의 거짓말이 매서운 훈육으로 단박에 바로잡힐 거라고 기대합니다. 하지만 저는 유치원에 다니는 아이가 거짓말을 시작했다는 상담을 할 때 꼭 하는 말이 있습니다.

"거짓말을 안 하는 여섯 살은 없어요. 아이는 정상이에요."

거짓말을 하는 게 당연한지, 이를 아무렇지도 않게 받아들여도 되는지에 대한 고민이 깊어질 것입니다. 하지만 아마 오늘도 우

리는 소소한 거짓말들을 했을 것입니다. 예를 들면 이런 말들이
지요.

"예뻐진 것 같아!"

"너무 좋겠다. 축하해."

그래도 여섯 살밖에 안 된 아이가 거짓말을 하는 것 자체를 너
그렇게 수용하기는 어려울 것입니다. 건강하고 정직하게 자라는
것이 가장 중요한 가정이라면 더욱 그럴 것입니다.

거짓말을 절대 용납하지 않는 분위기가 형성되면, 아이는 거짓
말을 안 하기보다는 거짓말을 하고서 잡아떼는 방향으로 성장할
확률이 훨씬 큽니다. 이것이야말로 최악의 상황이지요.

그래서 이런 조언을 드리고 싶습니다. 거짓말을 잡아내고 무섭
게 처벌하는 것보다 아이가 거짓말을 고백했을 때 칭찬해주세요.
거짓말을 안 하는 것은 아이에게 불가능한 일에 가깝습니다.

'정직한 아이'는 거짓말을 한 번도 안 하는 아이가 아니라, 하고
도 금방 털어놓고 인정하는 아이입니다.

자신의 잘못을 인정하는 데는 굉장한 용기가 필요합니다. 교육
자와 부모님은 이 부분을 기억해두고 아이가 건강한 마음을 갖고
자랄 수 있게 이끌어줘야 합니다.

아이들을 만나다보면 수업을 무척 재미있게 했어도 마지막에
옆 친구와 다투고 "정말 재미없어! 미술 싫어! 흥"이라고도 말합
니다. 하루 종일 그림이 잘 안그려져서 툴툴거리다가도 마지막에

좋은 일이 생기면 "오늘도 너무 재미있었어!"라고 반응이 변하기도 하고요.

그래서 자라다 선생님들에게 제가 강조하는 항목 중 하나는 아이가 "선생님, 저는 만들기 좋아해요"라고 말했어도 '만들기를 좋아한다고 말함'이라고만 적고, 판단하지 말라는 것입니다. 아이 말을 그대로 믿고 아이와 상황을 평가하는 일이 반복되다보면 어른의 문제로 변하는 경우가 생기기 때문입니다.

예를 들면 이렇습니다. 종종 유치원에서 돌아온 아이의 말만 듣고 사건을 유추해나가다보면, 아이 몸에 난 작은 멍만 보고도 많은 생각을 하게 됩니다. 아이들은 순수해서 거짓말을 하지 않을 거라는 잘못된 환상에서 오는 문제입니다.

아이의 말을 충분히 경청하되 아이이기 때문에 자신의 입장을 유리하게 혹은 기억하기 편한 대로 사건을 다시 나열해 말할 수 있음을 인지하고 듣는 지혜가 필요합니다.

· ·

66 성장하는 가정을 위한 한마디 99

아이의 거짓말을 처음 접했다면, 스스로에게 이렇게 말해주세요.

"거짓말을 안 하는 아이는 없어. 우리가 좀 더 지혜로워져야 해."

· ·

아이가 가진 단점과
사람들의 시선이 괴로워요

육아에 관해 조금이라도 도움을 받으려고 강연장을 찾아오는 분들 중에는 간절함을 갖고 걸음하는 분들이 있습니다.

ADHD를 가진 민준이의 어머니를 처음 뵌 곳도 강연장이었습니다. 조용한 목소리로 아이 교우 관계에 대한 질문을 주셨고 저는 성심껏 답변드렸으나 겉도는 느낌을 받았습니다. 진짜 문제는 따로 있는 것 같았습니다.

강의 내내 어머님의 표정은 밝아지지 못했고 강의가 끝나고 나서야 다시 제게 오셔서 공개적으로 말하기 힘들었던 이야기들을 했습니다. 조금이라도 도움을 드리고 싶었고 제가 있는 일산으로 아이와 함께 방문하실 것을 권했습니다.

어머님이 주신 아이에 대한 각종 병원의 평가서에는 아이의 부족한 점을 서술한 문장을 중심으로 밑줄과 동그라미가 진하게 쳐져 있었습니다. 자폐도 아니었고 아이큐가 높다는 등 좋은 이야기도 많았지만 어머님의 밑줄과 동그라미는 긍정적인 부분만 교묘히 피해갔습니다. 민준이 어머니는 건조하고 지쳐 보였습니다.

아이는 생각보다 밝았습니다. 숫자를 무척이나 좋아했고 종이를 주자마자 11층짜리 아파트를 그리더니 모든 층에 호수를 적은 후, 다 다른 색으로 칠하기 시작했습니다. 일반적인 또래 남자아이들에 비해 집중력이 쉬이 가시지 않았고 힘든 기색 없이 행복해하며 자연스럽게 표현했습니다. 숫자와 관련된 다른 주제에도 관심을 보이는지 궁금해서 버스 그리기를 유도해봤더니, 아이는 버스 모형보다 버스 번호에 관심이 많았습니다. 민준이는 숫자와 문자에 깊게 빠진 아이였습니다. 세상 모든 것을 숫자나 문자로 표현할 수 있을 것 같았습니다. 다만 관심이 없는 것들에 대해서는 확실하게 표현했습니다.

아이는 자신이 관심 없는 것을 제가 어른의 위치를 내세워 강요할까봐 경계했습니다. 예를 들어 아이 의견과 다른 것을 제안하면 여유 있게 받아들이지 못했습니다. 자기가 그린 작품을 돌돌 말아 테이프로 붙이려고 애쓰고 있길래, 그러지 말고 상자에 넣어가라고 몇 번 권유하니, 동생을 데리러 가야 한다며 나가려고 했습니다. 자기결정권을 누군가에게 많이 꺾여본 모습이었고,

아이는 그 기미만 보여도 자기결정권이 꺾일 걱정부터 하는 듯했습니다.

상담실로 어머님을 모시고 와 안색을 살폈습니다. 무표정하지만 긴장감이 도는 얼굴. 어머님은 아이가 ADHD를 진단받은 경위와 약물의 효과가 어느 정도인지 알려주었습니다. 오히려 자폐약을 먹으니 효과가 있다고 말할 때는 건조한 목소리에서 금방이라도 눈물이 날 것 같았습니다. 우울감이 공기를 타고 저에게까지 전해져왔습니다.

어떤 이야기를 드려야 하나 잠시 고민되었으나, 먼저 소아정신과 분야의 의사가 아닌 교육자의 견해임을 강조하며, 제가 느낀 아이의 모습을 천천히 설명드리기 시작했습니다.

"아이는 어머님이 미리 주신 정보와는 다른 점이 많았어요. 자신이 좋아하는 영역이 분명하고 표현을 잘하는 아이예요. 말이 어눌할 때가 있지만, 자신이 좋아하는 것을 표현할 때는 명료해요. 공감 능력이 아쉬운 부분도 있지만, 다른 사람들과 소통에 큰 어려움을 겪는 정도는 아닌 것 같아요. 낯선 사람을 경계하는 모습, 고집이 있는 모습은 또래인 일곱 살 다른 친구들과 비슷한 정도예요."

민준이의 어머니는 제가 하는 말 하나하나에 집중했습니다. 저는 차분하고 분명한 어조로 진심을 다해 아이에 대해 전했습니다.

아이는 최선을 다해 1분 1초라도 자신이 좋아하고 잘할 수 있는 것들에 몰입하려고 애쓰며 행복하려고 노력하는데, 오히려 어머니가 더 힘들어 보였습니다. 엄마가 불안하면 아이도 기대고 털어놓기가 쉽지 않습니다. 내가 겪은 문제를 말하고 싶은데 엄마가 더 속상해 보이면 아이는 점점 입을 닫아갈 겁니다.

저는 아이의 기질과 결은 타고나는 것이지 부모님이나 기관이 바꿀 수 있는 게 아니라고 설명했습니다. 지금껏 아이가 정상인지 아닌지에 집중하며 살았다면, 이제 주어진 아이 모습에 더 집중해 애정을 갖자고 전했습니다.

그러자 어머님은 아이와 동생, 엄마 이렇게 셋이 있을 땐 아무렇지도 않은데 밖에만 나가면 문제가 생긴다고 털어놨습니다. 타인을 공격하거나 방해하지는 않지만 상황에 맞지 않는 행동을 한다는 것입니다. 예를 들면, 맥락에 맞지 않는 엉뚱한 말을 하거나 수업 흐름에 맞지 않는 말을 하는 것이지요.

민준이 어머니는 전체적으로 아이 단점에 초점이 맞춰져 걱정이 많았습니다. 저는 그 마음이 한편으로는 이해가 되었지만, 자신의 걱정에 스스로 지칠 수 있겠다는 생각이 들었습니다.

"일곱 살 아이가 유치원에 가는 이유는 성장하면서 배울 것들이 있기 때문이에요."

저는 아이가 아직 완성되지 않은 일곱 살에 불과하다는 것을 기억하자고 강조했습니다. 그러자 민준이 어머니는 사실 다른 엄마들 시선에 자꾸 마음이 움츠러든다고 고백했습니다.

진짜 문제는 다른 엄마들의 시선이었던 것입니다. 하필 민준이 가족이 사는 곳이 서울 교육 특구 세 곳 중 한 곳이었고, 다른 엄마들의 시선이 힘겨워 이사도 생각한다고 했습니다.

저는 조심스레 어머님께 이사 계획이 있다면 지지한다고 말씀드렸습니다. 민준이 어머니의 고민은 아이뿐 아니라, 아이로 인한 다른 엄마들과의 갈등과 시선이 한몫할 테니까요. 내가 소속되어 있는 집단이 나를 너무 힘들게 할 경우, 지나치게 버틸 필요가 없다는 생각도 함께 전했습니다.

마지막으로 민준이 어머니는 아이에게 친구가 없어 외로운 것 같다고 했습니다. 그러나 제가 생각하는 문제는 어머님이 아이의 부족함을 찾는 것에 혈안이 되어 있다는 점이었습니다. 물론 더 나은 방향으로 나아가기 위한 노력이겠지만, 아이가 다른 아이들에 미치지 못하는 부분을 찾아가며 열심히 메우다보면 아이가 스스로를 부정적으로 인식하게 되는 감정을 심어주게 됩니다.

아이의 성향을 긍정적으로 키워내는 육아는 어렵습니다. 아이의 마음을 꺾는 육아는 어렵지 않습니다. 아이가 자신이 부족하다는 생각을 하면 할수록 쉽게 어눌해지고 통제하기도 비교적 쉬워지기 때문입니다.

아이를 나아지도록 만들기 위한다는 명목으로 아이의 부족함을 자꾸 들춰내는 것은 악순환을 부릅니다. 자신을 사랑하지 못하는 아이는 친구와 친해진다 하더라도 의존적인 관계를 맺을 가능성이 높습니다.

친구가 없으면 없었지, 동등하지 못한 관계의 친구를 억지로 만들어주기 위해 노력하는 건 그냥 어른의 욕심입니다. 그 나이 때는 단짝 친구가 하나쯤 있어야 하지 않느냐는 건 막연한 고정 관념입니다. 꼭 친구가 아니라도 아이가 모든 문제를 털어놓을 사람 한 명이면 됩니다. 동생도 좋고, 형도 좋고, 엄마나 학원 친구도 좋습니다.

이 사연 속의 민준이에게 가장 필요한 것은 자기 자신을 사랑하고 자존감의 구멍을 메우는 일입니다. 아이가 자신을 사랑하기 시작하면, 한 명을 만나도 동등하게 멋진 우정을 나눌 수 있습니다. 중요한 것은 친구의 수와 주변의 따뜻한 시선이 아니라 가족과 함께 스스로를 사랑하는 마음일 것입니다.

· ·

❝ 성장하는 가정을 위한 한마디 ❞

아이의 단점이 자꾸 눈에 보여서 스스로 힘들다면 이렇게 생각해주세요.

"이 기준은 아이를 사랑하기 위한 것이 맞을까?"

· ·

ADHD는
항상 대비하고 있어야 하나요

ADHD를 겪는 비율은 8 대 2로 남자아이들에게 현저히 많이 발생합니다. 아들을 둔 분들은 지금 당장 아이에게 문제가 없더라도 ADHD에 대해 간략하게라도 알아둘 필요가 있습니다. 아들의 친한 친구 중에 ADHD 아이가 있을 때, 혹은 우리 아들이 진단을 받았을 때를 대비하기 위해서입니다.

ADHD를 겪는 아이들을 만나보면 우리가 텔레비전에서 보는 극단적인 아이들과는 차이가 있습니다. ADHD를 잘 모르는 사람들은 그 증상으로 소리 지르고 분노하고 물건을 던지는 모습을 상상합니다. 하지만 실제로는 그저 부산하고 집중해야 할 것에 몰두하지 못합니다. 조금 더 과하게 행동하거나 상황에 맞지 않는 행동을 하는 것이 전부이지요. 어릴 때는 그저 부산스럽던 아이들이 학교에 다니면서 불안과 분노를 머금기 시작합니다. 이 때 아이들과 갈등을 빚거나 오해를 삽니다.

소아정신과 의사들 사이에는 '2말 3초 현상'이라는 말이 있다고 합니다. ADHD 아이들이 초등학교 2학년 말, 3학년 초쯤 되면 불안과 우울을 동반하기 시작한다는 의미입니다. 한 소아과 의사는 방송에서 그 비율이 70퍼센트에 육박한다고 말했습니다.

또 다른 소아정신과 의사는 ADHD 약물 치료 효과를 강조합니다. 내용을 들어보면 약을 먹으면 타인에게 지적을 받지 않게 되므로 2차 피해가 사라진다는 주장입니다. 왜 약물 치료가 전 세계적으로 성행하는지, 실제 약물을 먹고 효과를 보는 아이들이 있는지 수긍이 가는 대목입니다.

그러니까 ADHD는 처음부터 위험한 행동을 하거나 분노가 많은 아이들을 지칭하는 것이 아닙니다. 그저 부산스럽고 학교에서 내주는 과제에 집중을 못 하는 단계였다가, 그들을 교정하려는 사람들에게 지적받고 배척당하면서 우울, 불안, 분노가 더해집니다. 아이들에게 ADHD 자체보다 무서운 건, 사회적 시선과 지적입니다.

누군가 "스스로 부산스럽지 않으면 되는 거 아니에요? 그냥 좀 조용히 있으면 되잖아요"라고 말한다면 저는 불쾌함을 표현할지도 모르겠습니다. 달리기를 못하는 사람에게 "그냥 뛰면 달리기

1등 하지 않아요?"라고 묻는다거나 성적이 조금 아쉬운 아이에게 "그냥 교과서 위주로 열심히 하면 전교 1등 하지 않아?"라고 다그치는 말과 같기 때문입니다.

ADHD라는 병명이 일구어낸 가장 큰 공은, 그 아이들이 일부러 그러는 게 아님을 밝혀낸 것입니다. 저는 우리 사회가 ADHD를 한 사람의 기질로 바라보고 포용해줬으면 합니다.

언젠가 "ADHD는 병이니까 병원에 가서 치료받아야지 학교에서는 손쓸 방법이 없습니다"라는 말을 담임 선생님에게 들었던 어머니가 상담을 와서 펑펑 우는 모습을 본 적이 있습니다. 저는 그런 말들이 더 신중하게 나오길 바랍니다. ADHD 아이들은 치료받아야 하는 동시에 교육받을 권리, 신뢰받을 권리, 존중받을 권리가 있습니다.

그 아이들에게는 동정이 아니라 이해가 필요합니다. 내향적인 아이들이 발표를 힘들어하듯, 가만히 있는 게 성미에 맞지 않는 아이들도 기질로 봐주는 사회가 되길 바랍니다.

물론 선생님 한 명이 학생 스무 명을 가르치는 학교에서 주어진 과제에 집중하지 못하는 아이들을 하나하나 돌보기는 쉽지 않습니다. 하지만 시험 점수만으로 아이의 가치와 기대를 쉽게 단정짓는 사회에서 ADHD를 가진 아이들이 느낄 외로움과 소외의 크기는 작지 않습니다. 자존감이 떨어진 아이들은 ADHD가 없어도 충분히 공격성과 문제 행동을 보입니다. 특정한 아이뿐 아니라 건강한 누구라도, 집단의 소수자가 되고 계속 질타를 받는다면 금방 망가질 겁니다.

ADHD 아이들에게 약물 치료도 필요하지만, 문제 행동을 키우지 않는 근본적인 해결책은 따로 있습니다. 서로 다른 존재를 받아들이려는 주변의 자세와 여기에 기반하는 자존감 함양입니다.

성인도 회사에서 계속 지적만 받는다면 집에 가면서 '내 존재에 문제가 있는 것은 아닐까?' 의심하게 되기 마련입니다. 일단 자존감이 한껏 내려간 상황에서는 마음이 건강했던 성인도 자기 마음을 챙기며 발전하기가 어렵습니다. 누군가의 지적을 받아들이고 승화시켜 자신을 수정해나가기 위해선 반드시 그만한 자존감이 비축되어 있어야 합니다.

만일 조금 ADHD 초기 단계의 아이를 만난다면, 문제 행동을 지적하기 전에 그 기질을 통해 타인을 돕는 경험을 하게 이끌고, 아이가 환경으로부터 인정받도록 도와주세요. 아들이 ADHD 진단을 받게 되었다면 장애가 아니라 특별한 신의 능력으로 인식해주세요.

미국에서 활동하는 심리치료사 톰 하트만은 ADHD 아동에게 사냥꾼 유전자라는 별명을 붙여주었습니다. 저는 그 이름을 참 좋아합니다. 그 별명 자체에 치유의 힘이 들어 있기 때문입니다.

아이가 자신의 존재를 문제로 바라보고 미워하기 시작하면 치유가 어려워집니다. 아이가 자기 존재에 대한 믿음과 사랑을 회복하도록 도와주는 부모, 교육자가 될 수 있게 우리 스스로를 돌아보기 바랍니다.

- -

❝ 성장하는 가정을 위한 한마디 ❞

ADHD를 가진 아이를 바라보는 시선이 있다면
스스로 이렇게 질문해주세요.

"아이의 기질이 다르다는 이유로
나쁘게만 보고 있는 것은 아닐까요?"

- -

왕따당하는 우리 아이에게
용기를 주고 싶어요

저에게는 띠동갑 여동생이 있습니다. 가정환경이 일반적이지 않았기 때문에 중학생이던 저는 세 살 된 동생을 딸같이 키웠습니다.

동생은 중학교 2학년 때 왕따를 심하게 당했습니다. 따돌림 문제를 겪어본 가정은 잘 알겠지만, 밖에서 어렴풋이 '힘들겠지' 하는 정도의 느낌과 실제로 그 무게를 견디는 아이들의 고통은 다릅니다.

당시 동생을 떠올려보면 집에서는 멀쩡한데 학교에서 왕따를 주도하는 무리만 만나면 어눌해지다 못해 입에서 "안녕"이라는 한마디를 똑바로 하지 못했습니다. 동생은 토론 대회에서 상을 받을 정도로 언어와 사고에 관해서는 능력자였는데도 말입니다.

아마 따돌림을 당하는 아이들은 비슷한 증상을 겪을 겁니다. 나를 따돌렸던 대상을 마주치거나, 따돌림당했던 장소에만 가도 몸이 말을 안 듣기 시작합니다. 그래서 저는 왕따를 당하는 아이들에게 "힘을 내! 걔네들 앞에 가서 과감하게 말해봐. 왜 말을 제대로 못 해?" 같은 조언이 참 폭력적으로 느껴집니다. 그럴 힘이 있으면 진작 했을 겁니다. 안 되니까 못 하는 것인데, 주변 사람들은 그 상황을 헤아리지 못할 때가 많은 것 같습니다.

동생을 왕따시키는 여자아이들 무리는 잔인했습니다. 매일 저녁 가족이 모여 동생과 대화를 했는데, 하루는 왕따 무리들이 같이 밥을 먹자고 제안했다는 겁니다. 그러곤 막상 약속 장소에는 아무도 나타나지 않았다고 합니다. 이튿날 "설마 진짜 나갔냐?" 하면서 웃으며 조롱했다고 하더군요. 책상과 교과서에 낙서를 하는 일은 일상이었고, 동생이 길을 걸을 때 앞에 침을 뱉는 행위도 일삼았습니다. 동생은 견디기 힘들어했습니다. 비겁함과 치욕을 견디기에 중학교 2학년은 여린 때이지요.

어머니는 그날 특유의 입담으로 비속어를 섞어 그 아이들의 머리채를 잡는 신나는 상상을 펼쳤고, 찰지게 욕을 해줬습니다. 그러곤 얼굴을 보고 화를 내거나 욕은 못 하더라도 앞으론 네가 먼저 거절하라고 조언했습니다.

"밥은 혼자 먹겠다는 각오를 하고 다니자!"

우리 가족은 그런 이야기를 하며, 그게 더 멋진 삶이라고 유쾌하게 떠들었습니다. 시간이 흐른 지금 생각해보면 동생이 학교에서 돌아와 끝나고 가족이 함께 이야기를 나누는 그 시간은 너무 값진 순간이었습니다. 비록 왕따당하는 상황이었지만 동생의 고민으로 우리 가족은 훨씬 끈끈하게 뭉쳤고 유대감을 가질 수 있었습니다.

한 가지를 잃고 나서는 반드시 무언가를 얻습니다. 동생은 친구들과 힘든 시간을 가졌지만, 그로 인해 가족간의 관계가 더 끈끈해졌습니다.

아이가 학교 친구들과 가까워질수록 아이의 삶에 미치는 가족의 영향력은 적어집니다. 우리는 상황이 최악이 아님에 감사했습니다. 최악은 이야기를 들어주고 보듬어줘야 하는 마지막 보루, 가족들이 상황에 눌린 나머지 서로에게 날선 말을 던지는 겁니다. "당신이 이러니까 아이가 밖에서 왕따나 당하고 오지"라는 말은 상상만 해도 최악입니다.

얼마 후 저는 동생을 복싱 체육관에 등록시켰습니다. 제가 권하기는 했지만 선택은 온전히 동생이 했습니다. 물론 동생에게 복싱을 가르쳐서 그들을 혼내주라는 의미는 아니었습니다. 그저 다른 세계가 있다는 것을 알려주고 싶었습니다. 지금 너무 힘들겠지만, 그 힘든 세계가 사실 우주의 먼지처럼 작기도 하다는 걸 알려주고 싶었습니다.

중학교 2학년 여학생 무리보다 물리적으로 몇 배나 강한 사람들 속에 섞이는 경험은 지금 닥친 삶의 무게를 가볍게 만드는 효과가 있을 거라고 생각했습니다.

동생은 의외로 적응이 빨랐습니다. 스스로 결정한 것이라 그런지, 오랜만에 보는 친절한 사람들과 함께해서 그런지, 빠르게 안정을 찾아갔습니다. 행여 아이가 왕따를 당한다면 태권도장이나 킥복싱장을 보내라는 의견이 많습니다. 얼마나 과격한 공간인가보다는 아이의 기존 모습을 모르는 새로운 곳 중에 아이가 선택한 공간이면 됩니다.

싸움을 대비한 스포츠를 익히는 것보다 중요한 것이 있습니다. 친절하게 아이를 맞아주고 건강한 모습으로 인연을 맺을 새로운 그룹을 만들어주는 것입니다.

세 달의 수련 기간이 지나고 동생의 실력은 쥐뿔만큼도 성장하지 못했습니다. 하지만 동생은 '난 복싱도 배운 여자야'라고 생각하는 눈치였습니다.

이후 동생에게는 그 무리가 어떤 제안을 해도 거절하는 힘이 생겼습니다. 큰 발전이었습니다. 동생은 친구들과 노는 데 쓰던 시간을 자신이 잘하는 공부에 썼습니다. 그해 중간고사에서는 반에서 1등을 차지했고, 교실에서 동생의 입지는 급격하게 올라갔습니다. 가해자 아이들은 더 이상 동생을 건드리지 못했습니다.

왕따를 당하는 순간은 자연재해처럼 손쓸 수 없이 다가옵니다.

이는 누구의 잘못이 아니어도 생길 수 있습니다. 이때 가장 중요한 요소는 아이에게 '모든 걸 털어놓을 한 사람이 있는가'입니다. 사람이 아무리 힘들어도 모든 것을 털어놓고 의지할 한 사람이 있다면 버틸 수 있습니다. 아이가 가장 위태로운 순간에 부모가 무서워서, 혹은 미안해서 털어놓지 못하는 관계에 있다면 손쓸 새도 없이 극단적인 상황을 맞을 수 있습니다.

반대로 마음을 털어놓고 의지할 든든한 가족이 있는 아이는 강합니다. 왕따 문제는 자연재해 같아서 예방할 수는 없지만, 외롭지 않은 아이에게는 슬기롭게 문제를 벗어날 힘이 있습니다. 마음을 털어놓고 극복할 수 있는 신뢰 관계를 쌓아주세요. 아이에게 힘이 되어주세요. 저는 그 당부를 드리고 싶습니다.

⋅ ⋅

66 성장하는 가정을 위한 한마디 99

아이에게 힘이 되어줄 대화와 관계를 만들어주세요.

"기죽지 마! 넌 우리에게 항상 소중한 사람이야."

⋅ ⋅

아이가 매번
맞고 들어와요

"선생님 안녕하세요. 저희 민준이가 친구랑 싸우면 일방적으로 맞고 들어와요. 어떻게 해줘야 할지 잘 모르겠어요.

아홉 살 민준이는 초등학생이 되기 전부터 부모님에게 '친구랑 싸우면 안 된다, 화가 난다고 물건을 던지면 안 된다, 친구 물건을 빼앗으면 안 된다, 때리면 안 된다, 사이좋게 지내야 한다, 함께 나눠야 한다'라고 엄격하게 교육받았다고 합니다. 민준이의 어머니는 그렇게 아이를 키워온 시간에 대한 자부심과 자책을 동시에 하고 있었습니다.

"어머님, 사실 제가 어릴 때 좀 맞고 다녔는데요. 저희 어머님도 그렇게 생각하셨어요. 어머님은 '아, 내가 교육을 너무 엄격하게 해서 애가 이렇게 맞고 다니는구나' 하고 때리고 오라고 하신 적도 있어요. 저는 결국 못 때렸어요. 저는 누군가를 공격하고 때릴 수 있는 기질의 아이가 아니었거든요."

"때릴 수 있는 기질과 아닌 기질이 있다는 말씀인가요? 그럼 어떻게 해야 하나요?"

저는 이 지점에서 양육자분들께 이렇게 해달라고 부탁합니다. 제일 먼저, 아이가 자신을 용서할 수 있도록 도와주세요. 맞고 온 아이에게 이렇게 말해주는 것은 큰 도움이 됩니다.

"민준아, 폭력을 폭력으로 갚지 않은 것은 참 잘한 일이야."

이 한마디가 자신을 용서할 수 있게 도울 것입니다.

"너 왜 맞고 왔어?"라고 다그치면 "친구 때리면 안 되는 거잖아!"라고 외치지만 사실 아이들도 알고 있습니다. 부모님이 왜 속상해하는지, 왜 자신의 자존심이 상하고 슬픈지. 하지만 아무리 그렇다고 해도 그 상황에서는 무서웠던 것입니다. 특히 남자아이들은 내가 용감하지 못해서 맞고 들어왔다고 자책하고 있을 가능성이 높습니다. 아이가 계속 맞기만 하면서 성장할 수도 있습니다. 어느 정도의 나이가 될 때까지는요.

여기서 핵심은 싸움에서 지고 오지 않는 아이로 키우는 것이 아니라, 부모님에게 언제든 자신이 괴로워하는 문제에 대해 털어놓을 수 있다고 믿게 하는 것입니다. 부모님과 아이의 관계를 더 튼튼하게 만드는 시간이 중요합니다.

아이가 성장하며 겪는 문제 대부분은 양육자가 제대로 인지하고 있다면 사건이 더 크게 발전하지 않습니다. 학교 선생님과 상의할 수도 있고, 부모님이 직접 개입하거나 전학 가는 것도 가능하니까요.

반대로 이야기하자면 성장기, 사춘기에 겪는 문제 대부분은 부모님이 아이가 놓인 현실을 모르는 데서 시작됩니다.

'집에 이야기해봤자 나만 혼날 텐데.'

아이가 이런 생각을 하기 시작하면 더욱더 심리적으로 고립됩니다. 그러니 혼자 해결하려 애쓰게 되는 것이지요. 그때부터 진짜 문제가 시작됩니다.

아이를 둘러싼 환경과 갈등의 이유들을 정확히 파악해주세요. 아이와 소통을 해서 상황을 자세히 알고 있는 것이 중요합니다. 그 소통이 잘되고 있다면 문제 절반은 해결한 겁니다.

· ·

66 성장하는 가정을 위한 한마디 99

맞고 온 아이에게 이렇게 말해주세요.

"폭력에 폭력으로 맞서지 않은 건 내단히 어려운 거고,
네가 그걸 해냈어. 고마워."

· ·

아이 친구 관계에
간섭해도 될까요

초등학교 5학년 민준이는 동생 괴롭히기를 좋아하고, 학교에서도 다른 친구들을 괴롭히면서 재미를 느낍니다. 그런데 반대로 상대방이 자신을 괴롭히면 과하게 억울해하고 웁니다. 민준이 어머니는 아이를 야단치는 방식으로 다른 아이를 괴롭히는 행동을 막아보려 그동안 부단히 노력했지만, 늘 그 효과를 오래 지속하지 못했다고 합니다.

"사실은 육아를 인터넷과 현장 강의를 다니며 혼자 공부했어요. 그러다가 저희 아이를 울린 또래들을 찾아간 적이 있어요. 그러지 말라고 단호하게 말도 했고요. 저는 그냥 거기까지만 하려던 것인데, 그 이후로 다른 엄마들이 저를 피해요. 물론 저는 아들을 위해 한 행동이니 다른 엄마들의 반응이 상처가 되지는 않아요⋯. 그런데 정작 제 아들에게 다른 친구들을 괴롭히면 안 되는 이유를 효과적으로 설명하는 방법을 모르겠어서 괴로워요."

"혹시 아드님과 대화는 잘되는 편인가요?"

"잘 안 되는 것 같아요."

아이와 엄마 사이에 대화가 어렵다는 것은, 가장 중요한 문제를 발견하지 못했다는 뜻입니다.

우리가 아들에게 무언가를 가르치기 전에 소통이 될 만한 위치에 서는 것이 중요합니다. 어떤 말을 해야 설득력이 생기는지가 중요한 것이 아니라, 어떤 위치에서 말하는가가 더 중요합니다.

엄마의 입장에서는 아이를 위해 해주는 말들인데, 시간이 지날수록 대화 자체가 사라지는 이유는 이런 맥락입니다. 그래서 말해줄수록 관계는 나빠지고 안타까움만 깊어집니다. 이런 경우에 아주 많은 부모님들이 이유를 잘 모른 채 더 강하게 자신의 의견을 말합니다. 저는 아들을 키우는 어머니들이 다음의 말을 꼭 기억하기를 바랍니다.

아들 세계에 존재하는 평판 중 최악은 '마마보이'입니다. 어머니가 나서서 문제를 해결하면 속은 시원하겠지만 아이 평판도 함께 떨어질 겁니다. 아이와 관계를 회복해야 하는 상황이라면 당분간 아이를 가르치려는 마음을 내려놓고 관계 회복에만 집중해야 합니다.

관계 회복을 위해서 해야 할 일이 몇 가지 있습니다. 일단 평가를 줄이세요. 관계를 망치는 첫 번째는 평가입니다. "잘했다" 혹은 "못했네"라고 말하지 마세요. 관계가 안 좋은 상태에서 자꾸 전달하면 점점 불편해집니다. 아들의 문제를 1년간 지적해도 답을 찾지 못했다면 문제를 지적하겠다는 마음을 내려놓아야 합니다.

"그래도 아이를 가르쳐야 할 때가 있잖아요. 양치를 3초도 안 되어서 다 했다고 한다든가, 그럴 때요."

민준이 어머님이 조심스레 일상 속 고충을 털어놓았습니다.

"양치 외에 아이가 고쳤으면 하는 점이 더 있나요?"

"그럼요. 많지요."

"양치는 그중에서 우선순위가 얼마나 될까요?"

"그렇게까지 중요하지는 않은 거 같아요."

민준이 어머니는 그 중요도가 낮다고 대답했습니다.

한 번에 아이를 전체적으로 바꾸는 것은 불가능합니다. 지금은 전체적으로 평가를 줄이되, 수용해줄 수 없는 행동의 우선순위를 정할 때입니다. 예를 들어, 도덕, 위험 등에 관련한 사회적 규칙을 먼저 익히게 하는 데 집중하고 나머지는 나중의 일로 분류해두는 겁니다. 그래도 양치를 하긴 하니까요.

아이와의 소통이 어려울 때는 관계 회복에 집중해주세요. 이후에 아이를 통해 아이의 입장과 상황을 전해 듣고, 아이를 지지

해주는 일이 선행되어야 합니다. 지금 당장 아이의 친구 관계에 끼어들었다가는 아이와 보이지 않는 벽이 쌓일 수도 있다는 점을 기억해주세요.

66 성장하는 가정을 위한 한마디 99

내가 하는 말들이 아이에게 전혀 영향력이 없다면, 관계를 돌아보세요.

"먼저 관계가 회복되어야 내 말들이 들릴 거야."

아이가 친구 문제에
관여해주길 원할까요

아이가 밖에서 당하고 왔다면 우리는 당장 스스로에게 이것부터 확인합니다.

내가 '아이에게 무엇을 안 가르쳤지? 지금 이 아이에게 무엇을 가르쳐야 이 문제가 해결되지?'

그러나 가르치려 하면 할수록 아이는 저항합니다. 아이가 원하는 것은 가르침이 아니기 때문입니다.

예를 들어, 직장 상사에게 안 좋은 소리를 듣고 속상한 마음을 친구에게 털어놓았는데 기껏 상대방이 하는 소리가 "네가 거기서 그렇게 하니까 상사가 그런 이야기를 하지"라면, "지금 내가 그걸 몰라서 묻니?"라는 말이 욱하고 올라옵니다.

공감해야 할 포인트에 가르치려고만 하는 친구는 한두 번은 참 겠지만 반복되면 다음에는 만나고 싶지 않습니다. 상대방이 내게 동의나 양해 없이 마음대로 조언했을 때, '잔소리' 혹은 '관계를 멀게 만드는 쓸데없는 소리'가 되어버리는 이유입니다.

저도 같은 실수를 저지릅니다. 사춘기에 접어든 동생이 제게 친구 문제를 털어놓았을 때 그랬습니다. 그냥 앉아서 들어주고 "그랬구나. 걔는 왜 그렇게 행동한다니?"라고 공감해줬으면 되었을 것을, 그러지 못했습니다.

"은아야, 네가 거기서 그렇게 하니까 그 친구 반응이 그렇지."

예상하시다시피 결과는 한결같이 싸늘합니다. 대화가 끊기고 불편한 정적이 흐릅니다. 동생이 힘들게 친구 문제를 털어놓았던 이유는 가르침을 받고 싶어서가 아니었을 것입니다.

아들도 마찬가지입니다. 밖에서 친구 관계로 충분히 고민하고 힘들어하다 엄마에게 털어놓을 때, 대부분은 그저 들어주거나 공감해주고 편들어주길 바라는 마음일 겁니다.

만일 아이 마음이 해결법을 원하는 건지 들어주길 원하는 건지 가늠이 어려울 때는 물어보세요. 이런 작은 배려가 아들로 하여금 당신을 신뢰하게 하고 위기의 순간에 어른이 개입할 수 있는 여지를 만들어줄 겁니다.

반면 진짜 개입해야 하는 위급 상황일 때도 있습니다. 그때는 아이에게 꼭 물어보고 어떤 행동을 할지 공유하고 개입하시는 것이 좋습니다. 아이에게 묻지 않고 잘못 개입하면 아이가 엄마를 위협적으로 느낄 수도 있습니다.

예민한 또래 문제는 해결도 중요하지만 바른 절차를 거치는 것이 중요합니다. 그래야 비슷한 위기를 겪을 때 신뢰하고 고민을 공유할 수 있는 사람으로 엄마를 떠올릴 겁니다.

. . . .

66 성장하는 가정을 위한 한마디 99

아이의 친구 관계에 문제가 생겼다는 느낌을 받더라도
꼭 아이에게 먼저 물어봐주세요.

"민준아, 가족은 항상 네 편이야.
혹시 엄마의 도움이 필요해지면 꼭 말해줄래?"

. . . .

내성적인 아들에게
또래 활동을 강요해야 하나요

"선생님, 우리 아이는 친구와 어울리는 것을 힘들어해요. 같이 놀라고 하면 주위를 빙빙 돌거나 혼자 나무랑 놀고 있어요. 오히려 어른들과는 잘 지내고요. 또래만 있으면 긴장을 하네요. 무엇이 문제일까요? 제가 무엇을 해줘야 할까요?"

느린 아들, 혹은 과격한 성향을 피하고 싶은 아들에게서 자주 나타나는 행동입니다. 아이가 익숙하지 않은 관계에서 받는 스트레스로 또래와 상호작용을 피하고 있을 때, 부모님은 고통에 빠지고 전전긍긍하게 된다는 것을 알고 있습니다.

제가 가르쳤던 아이들 중에서는 발달이 느리거나 예측하기 힘든 상황을 강하게 거부하는 아이들이 같은 경향을 보였습니다.

아이 입장에서 또래 아이들은 불규칙하고 예측할 수 없는 상황을 많이 만들기 때문에 즐겁기도 하고 더 불안하기도 합니다.

이런 일이 반복되면 엄마 머릿속에는 수만 가지 질문이 들 겁니다.

'어떡해야 아이가 또래와 잘 놀게 될까?'

'저렇게 힘들어하는데, 혼자 노는 편이 아이에게 더 좋지 않을까? 혹시 사춘기 때도 왕따가 될까?'

엄마는 걱정투성이가 되기도 하지요.

그래서 종종 아이가 싫어하는데도 무리해서 또래 아이와 어울리게 합니다. 다른 엄마들과 억지로 관계를 맺고, 또래 아이들에게 무언가를 사주면서 친구를 만들어주려 애를 씁니다.

그런데 이렇게 무리해서 노는 아이들을 잘 살펴보면, 동등한 관계로 노는 것이 아니라 일방적으로 한쪽 아이가 시키는 대로 하거나 당하고 있는 경우가 있습니다. 친구인데 전혀 동등하지 않은 방식으로 관계를 맺는 것입니다.

또래와 어울리면서 사회성을 키우는 것은 중요하지만, 그것이 아이에게 상처나 스트레스를 더 크게 준다면 잠시 고려해봐야 합니다. 사회성이 꼭 '동갑내기 아이들과 어울리는 것'을 의미하지는 않기 때문입니다. 나와 성향이 맞는 소수의 아이들과 깊게 어울리거나 한두 살 차이 나는 또래와 어울리는 것도 방법이 될 수 있습니다.

우리에게 '아이가 건강하게 발달한다는 증거는 동갑내기 아이들과 잘 지내는 것으로 증명된다'는 인식이 있으면 또래 아이들과 어울리지 못하는 아들을 바라보는 마음에 조급함이 생길 것입니다.

우리 어렸을 때를 돌아볼까요? 어떤 아이는 친구가 다양하고 두루두루 잘 지냈다면 어떤 친구는 소수의 친구들과 조용히 지냅니다. 그래도 문제없이 성장합니다.

친구를 많이 두고, 그 모든 아이들과 잘 지낸다면 아이가 자신이 원하는 삶을 즐겁게 산다는 의미이기 때문에 분명 좋은 일입니다. 하지만 그렇게 되지 않는 것 또한 비정상이 아닙니다.

아이가 자신의 삶에서 만족하고 행복해하는지를 최우선으로 보아야 할 것입니다. 한 명을 만나도 동등한 관계로 당당하게 서도록 아이의 자존감을 살피는 것이 먼저임을 우리 어른이 기억해 두었으면 합니다.

66 성장하는 가정을 위한 한마디 99

또래 친구 문제로 고민하는 아이에게 이렇게 말해주세요.

"네가 행복하면, 그걸로 됐어."

9장

자
립

"결국 교육의 목표는 자립입니다."

엄마

아침에 학교 가는 걸 자기 일이라고 느끼지 않는 것 같아요. 등교 준비도 혼자 못해요. 덩치만 커졌지 아직도 하는 짓은 아기 같으니 제가 화가 안 날 수가 없습니다.

하나씩 아이 일로 돌려줘야죠. 아이가 나이에 비해 책임감이 자라지 않는 가장 큰 이유는 한 번도 책임져보지 않아서예요.

최쌤

엄마

아니, 알아서 스스로 하면 제가 왜 안 그러겠어요. 안 되니까 제가 못 놓는 거죠.

그럼에도 불구하고 놓으면 어떻게 될까요?

최쌤

엄마

학교도 지각하고 숙제도 제대로 안 되고. 맨날 놀기만 하지 않을까요?

맞아요. 문제가 생길 수 있어요. 그러나 생각보다 큰일이 일어나지는 않는답니다. 결국 교육의 목표는 자립이에요. 우린 언젠가 떠날 사람들이잖아요? 아이가 어릴 때 잠시 맡아두었던 선택권을 아이에게 돌려줘야 해요. 다만, 단계가 필요하죠. 기업을 물려주는 것처럼 천천히 예고를 해주고 아이의 계획을 들으면서 한 걸음씩 놓아주는 지혜가 필요합니다. 두려워도 시도하셔야 해요.

최쌤

느려터진 아들을
바꾸고 싶어요

친구들과 놀러 나갈 때는 전날부터 분주하고 부지런하면서 해야 할 일 앞에서는 느릿느릿 행동하는 아이들이 있습니다. 특히 아들에게 그런 모습이 자주 보입니다. 이것은 기질이 느린 게 아닙니다. 대다수 아이들, 특히 남자아이들은 재미난 것만 빨리하고 재미없는 것은 느리게 하는 경우가 많습니다.

그런데 '재미난 일'의 범주가 엄마와 견해 차이를 보입니다. 그냥 흥미로운 것 외에 자기 자신의 일이라고 생각되는 일도 아이들은 재미있어 합니다. 예를 들어 신나는 게임도 좋아하지만 버스 타기, 아빠처럼 안경 쓰기, 학교 가기 등도 본인이 온전히 혼자 할 수 있을 때 흥미롭게 생각하고 동경하는 것입니다.

반대로 이 일에 나의 결정권이 전혀 없고 온전히 엄마 일이라고 느끼면, 행동이 빠릿빠릿하던 아이도 한없이 느려터진 아이로 바뀌기 마련입니다. 자기 일이 아니기 때문입니다.

잠시 어른의 삶 이야기를 해보겠습니다. 세금을 내기 전까지는 우리나라에 어떤 세금이 있는지 잘 모릅니다. 취직을 하고서 막상 돈이 나가는 걸 피부로 느끼게 되면, 세상을 보는 눈이 조금은 달라집니다. 누군가 책임져주는 느낌이 있으면 내 일이라고 느껴지지 않고, 내 일이 아니면 관심도 재미도 사라지는 것과 같은 맥락입니다.

아이는 책임이라는 경험을 해봐야 성숙해집니다. 특히 무기력함을 느끼고 수동적으로 변해가는 아들에게는 어떤 임무를 통째로 맡겨보는 경험이 중요합니다. 등교를 귀찮아하고 하기 싫어하는 아이에게 자극을 주고 싶을 때 이런 방법을 추천합니다.

학교 가는 일을 아이 자신의 일로 받아들이게 하려면, 하루쯤 부모가 외박을 하고 아이 혼자 학교에 가도록 해보세요. 과감하게 한번 아이에게 맡겨보는 게 아이와 부모님에게 활력을 줄 수 있습니다.

물론 그러다가 아이가 진짜 학교에 늦을 수도 있습니다. 하지만 지금 지각해보는 경험이 나중에 신입사원이 된 후에 지각하는 것보다는 아이 인생에 훨씬 도움이 될 것입니다. 아이에게 자율권을 주는 시기를 늦추는 건 부모님의 선택입니다. 자신에게 선택권이 없다고 느끼는 영역에서는 아이가 수동적으로 바뀔 수 밖에 없다는 사실을 감수해야 합니다. 아들 입장에선 '나 학교 보내는 일은 엄마 몫이구나'라고 적응할 것이고, 엄마는 '학교 가는 게 네 일이지 내 일이야?' 하면서도 자신의 일로 아이의 하루를 떠안고 있을 것입니다.

엄마가 아이 학교생활을 책임지려는 모습은 아이에게 그리 긍정적이지 못합니다. 이건 흡사 시어머니가 한 주방을 같이 사용하면서 "애야, 제발 좀 주도적으로 주방 관리좀 해라!" 하고 외치는 것과 같습니다. 아이가 자기 영역에서 책임감을 가지려면 반드시 주인이 될 수 있게 빠져줘야 합니다.

물론 앞뒤 보지 않고 급작스럽게 내려놓는 것은 또 다른 부작용을 낳습니다.

"다음 주 화요일은 민준이가 혼자 학교를 가볼거야."

시간을 들여 충분한 예고를 하고, 아이가 첫 자립의 경험이 좋은 경험으로 끝나도록 여러 가지를 가르칠 필요는 있습니다. 자신이 온전히 혼자 학교를 가는 경험이나, 스스로 대중교통을 타고 온전히 집으로 돌아가보는 경험 등은 아이에게 강한 성취감과 성숙해지는 감각을 선물합니다.

아이가 성숙함을 익힐 시기에 접어들었다면, "친구 집에서 놀다 가도 돼?"라고 허락을 구하는 질문에 "이 정도는 네가 스스로 결정할 때가 된 것 같아. 다만 왜 그런 결정을 내렸는지 알려줄래?"라는 대답을 할 때가 되었습니다.

'아이한테 사춘기가 오나?'

문득 이런 생각이 든다면, 조금씩 아이의 일과와 생활 습관에 자율권을 주고 부모님의 의견을 줄여나가야 합니다. 시간이 갈수록 오히려 더 내려놓기 힘들어진다는 것을 기억해주세요.

자신의 인생을 선택하고 책임지는 행위는 스무 살부터 갑자기 되는 게 아니라 이전부터 훈련받아야 하는 영역이라고 생각해보면 도움이 될 것입니다.

· ·

❝ 성장하는 가정을 위한 한마디 ❞

아이에게 자율권을 주고
아이 삶에서 한 발짝 물러나며
이렇게 말해주세요.

"이제 그 정도는 민준이가 결정할 때가 되어가는 것 같아.
스스로 결정하고 왜 그렇게 결정했는지 말해줄래?"

· ·

언제 아이에게
선택권을 줘야 하나요

많은 어머님들이 가정법으로 걱정을 가득 담아 질문합니다.

"만일 그렇게 선택권을 줬다가 진짜 안 하면요?"

그래서 아이에게 묻는 것이 꺼려질 때가 있습니다.

부모님은 아이에게 자유를 줄 수 없는 영역을 잘 구분해야 합니다.

예를 들어 '숙제'라는 선생님과의 약속을 이행하는 자세는 가르쳐야 하지만, 그 안에서 얼마나 어떻게 성장할지는 아이 스스로 결정해야 합니다. 밥을 먹을 때 앉아서 먹어야 한다는 식사 예절은 가르칠 수 있지만, 입에 무엇을 얼마나 넣을지를 강요하면 학대가 되어버립니다.

아이가 도둑질을 했다면 끝까지 훈육해야 하지만, 공부를 하지 않겠다면 강요해선 안 됩니다.

"너 어제 분명히 약속했지! 이제 학습지 두 장씩 풀기로! 왜 약속을 안 지키니?"

엄마 혼자 일방적으로 약속하고 다그치는 가짜 자유와 토끼몰이 같은 압박감을 주고 싶은 유혹을 버려야 합니다. 아이에게 선택권을 줬다면 마음에 들지 않아도 과감하게 승복해야 합니다.

"너 진짜 이렇게 안 할 거야? 알았어. 넌 이제 공부하겠다는 말도 하지 마."

이런 극단적인 말이 나오는 이유는 강요할 수 없는 부분을 강요하고 싶은 욕심 때문입니다.

아이의 자립을 위해 부모님이 준비할 것이 두 가지 있습니다.

첫 번째는 '용기'입니다. 두발자전거를 타는 아들의 핸들에서 손을 놓는 일엔 '행여 넘어질 수도 있겠지만 너를 믿고 맡기는' 용기가 필요합니다.

등교의 모든 과정을 아이에게 오롯이 맡길 땐 '행여 늦거나 학교에서 작은 문제들이 생길 수도 있겠지만'이라는 전제를 안고 있어야 합니다. '맡기기는 하지만, 절대 지각이나 문제가 생겨서는 안 되는' 조건은 모순입니다. 그렇다고 갑자기 어느 날, "오늘부터 네 일은 네가 알아서 해라" 하신다면 아이는 반복해서 실패를 경험하고 자신감을 잃을 수도 있습니다. 아이에게 인생을 맡기는 일은 경영자가 2세에게 회사를 맡기는 과정과도 유사합니다. 자리에만 앉혀놓고 엄마가 모든 걸 지휘하는 것 역시 잘못된 자립이라 볼 수 있습니다. 충분한 시간이 필요합니다.

어느 날 갑자기 "엄마는 이제 너 신경 안 써. 너 마음대로 해!"하는 것이 자립심을 키우지 못하고, "나중에 엄마한테 고마워할거야. 엄마가 시키는 대로 꾹 참고 따라오기만 해" 하는 것도 자립심을 키우지 못합니다.

"다음 주 월요일부터는 엄마 개입 없이 온전히 너의 힘으로 가보면 어떨까? 이번 주는 혼자 할 수 있도록 도와줄게."

목표를 공유하고 준비하는 시간을 함께 보내야 효과적으로 자립을 가르칠 수 있습니다. '다음 주 월요일' 같은 명확한 목표가 있으면, 어머니가 학교 가는 준비를 돕는 일의 의미가 달라집니다. 명확한 나의 일이 되기 전 준비 과정이 되는 것입니다.

아이 것을 아이 것으로 돌려주기 위해 필요한 두 번째 준비물은 '신뢰'입니다. 엄마가 내 일을 마음대로 주무르지 않고 나를 깊이 믿어주고 맡긴다는 신뢰를 양분 삼아 아이는 자신의 선택을 믿고 책임지는 준비를 해나갑니다. 여기서 아들과 딸의 소소한 차이가 있습니다.

현장에서 만난 딸들은 엄마와 연결감이 더 중요한 경향을 보였습니다. 엄마와 모든 것을 공유하고 함께하는 관계에서 자연스러움과 안정감을 느꼈습니다. 그러니 딸을 자립시킬 때는 불안을 자극하지 않아야 합니다.

아들은 연결감보다 자기 능력을 인정받고 보여주는 것에 더 집중하는 경향이 있었습니다. 그런 이유에서인지 자립의 영역에선 엄마와 아들 사이에서 종종 갈등을 겪습니다.

만일 당신이 딸을 키우는 아빠라면 당신 생각보다 연결감을 느끼게 하는 세심함이 필요할 수 있고, 아들을 키우는 엄마라면 조금 더 과감하게 아들을 믿고 영역을 존중하는 마음이 필요할 수 있습니다.

성별을 뛰어넘는 아이 고유 성향도 함께 고려해주세요. 시간이 지나면 부모 역시 아이에게서 독립해야 합니다. 모두에게 충분한 시간과 노력이 필요할 것입니다.

· ·

66 성장하는 가정을 위한 한마디 99

아이에게 어느 날 갑자기 자율권을 주기 전에 이렇게 미리 말해주세요.

"다음 주에는 엄마 개입 없이 온전히 너의 힘으로 지내보면 어떨까?
이번 주는 혼자 할 수 있도록 도와줄게."

· ·

제가 아이를 억압한다고 오해해요

지인에게 연락이 왔습니다. 자녀가 음악을 하고 싶다고 해서 "너의 의견을 존중해"라고 말했다고 합니다. 문제는 말로만 존중한다고 하고, 뒤로는 아들의 취업 자리를 알아보며 식사 때마다 아버지가 다니는 IT 회사의 비전을 강요했던 겁니다. 음악은 아이의 일시적인 방황에 불과하고 부모님의 시나리오대로 IT회사로 갈 것이라고 생각했던 것입니다.

자식은 그렇게 호락호락하지 않습니다. 어느 날 아이는 한쪽 팔 전체에 문신을 하고 나타났습니다. 이날 아이 어머니는 한참을 울었다고 합니다.

저는 이런 상황을 '토끼몰이'라고 표현합니다. 말로는 존중하는 척하면서 진심으로 아이의 선택을 존중하지 않을 때, 아이는 부모님의 말이 맞는지 아닌지는 생각하지 않게 됩니다. 그리고 일단 자신의 뜻을 관철시키는 데 집중합니다. 일종의 승부가 되어버리는 겁니다.

여러분이 어떻게든 아이를 관철시키겠다고 마음먹으면, 아이는 어떻게든 부모님의 토끼몰이에서 벗어나겠다고 다짐합니다. 존중은 반드시 진심을 동반해야 의미가 있습니다.

성장에 가장 효율적인 도구가 자존감이라면, 자립은 교육의 최종 목표입니다. 아이에게 온전히 선택권을 주고 지켜보는 일은 힘든 일입니다. 엄마가 스스로를 옳다고 생각하면 할수록 자녀와 부모는 서로에게서 독립하는 데 힘이 듭니다.

그러다 사춘기가 옵니다. 아이가 가진 자립 본능에 눈떴을 때 부모님이 자율권을 더디게 넘겨주면 아이는 권리를 뺏겼다고 해석할 수 있습니다. 어떻게든 아이를 통제하려던 엄마는 시간이 한참 지나고서야 깨닫습니다. 아이가 진짜 집을 나간다거나 불같이 화를 낼 때요. "사춘기가 세게 왔다"고 하소연하는 그때요. 그때 결국 우리는 질 수 밖에 없습니다. 교육자, 양육자로서의 권위도 함께 잃습니다.

어려서는 통제할 일이 많지만, 아이가 커나갈수록 아이의 선택을 온전히 존중해야 할 일이 늘어납니다.

육아에는 대표적인 실수가 두 가지 있습니다. 하나는 때가 되지 않은 아동에게 지나친 자율을 주는 것이고, 또 한 가지는 성장한 아이에게 제대로 된 자율을 부여하지 못하는 것입니다.

자유를 제한하고 규칙을 가르쳐야 할 때는 망설임 없이 가르치고, 아이가 자신의 선택을 존중받아야 할 시기에 제대로 존중해 주세요.

교육의 본질은 아이가 교육자를 잘 따르게 만드는 것이 아니라, 자신의 길을 가도록 활주로를 함께 만드는 것입니다.

❝ 성장하는 가정을 위한 한마디 ❞

사춘기 아이에게는 자유와 책임을 동시에 주세요. 이렇게 말해주세요.

"너의 선택을 존중할게."

아이가 유튜버가 되겠다는데 밀어줘야 하나요?

중학교 3학년 민준이 꿈은 프로게이머입니다. 언제나 아이를 응원하는 민준이 어머니는 아이의 꿈을 위해 지금 당장 해줘야 할 것이 무엇인지 고민이 많습니다.

"그래도 아이가 하고 싶다는 게 생겼는데, 지금 밀어줘야 하는 거지요?"

저는 이렇게 대답해드렸습니다.

"아뇨. 제 생각에는 반대하는 게 좋겠습니다."

"네? 프로게이머가 요즘에는 비전이 있다고 봤는데…. 아무래도 너무 어린 나이에 시키는 건 좋지 않아서 그러시는 건가요?"

"그런 문제보다는, 막상 부모님이 지원을 해주면 진척이 없을 때가 있어요. 아이가 언제부터 프로게이머를 꿈꿨을까요?"

"그리 오래되지는 않았어요. 그런데 예전부터 게임을 참 좋아했거든요."

부모님이 흔쾌히 찬성하면 동기가 약해지는 아이들이 있습니다. 아이가 처음 꿈에 대해서 말할 때는 가짜 꿈을 이야기하는 경우가 많습니다. 현실감각이 없어서 책임지지 못할 말을 너무 쉽게 뱉는 경향이 있다는 것을 기억해야 합니다.

예를 들어 아이가 갑자기 "엄마, 나 유학 좀 다녀올게! 제대로 공부 좀 해보려고"라고 한다면 빚이라도 내서 보내주고 싶은 마음이 생깁니다. 아이가 하고 싶다고 하니 부모로서 믿어주고 싶지요. 그러나 현실은 막상 가서 게임만 하고 놀다 올 가능성이 농후합니다. 너무 쉽게 이룬 꿈은 쉽게 무너집니다. 진지하게 생각하지 않고 각오가 없는 꿈, 가짜 꿈입니다.

그러니 아이가 어떤 직업을 갖겠다고 선포를 할 때는 살짝 반대하면서 자신을 설득해보라고 해주세요. 가짜 꿈이라면 들통이 날 겁니다. 엄마를 설득할 정도의 논리와 신념이 없는 꿈은 밀어주면 안 됩니다. 만일 아이가 엄마를 설득하기 위해 무언가를 알아보기 시작했다면 그 꿈은 그때부터 현실성을 갖추게 될 겁니다.

예를 들어 프로게이머로 갈 수 있는 대학을 찾아보고, 연봉과 프로게이머의 하루 연습량을 알아보고, 입단하려면 얼마나 잘해야 하는지를 깨닫고, 스스로에게 다시 한 번 질문하는 시간을 갖는 겁니다.

꿈에 대한 현실감각은 반드시 필요합니다.

완벽한 반대도, 완벽한 찬성도 아닌 아이 스스로 자신의 질문과 진지하게 마주할 기회를 주세요.

아이들이 꿈을 빠르게 찾으면 효자라고 합니다. 그리고 아이가 꿈을 찾으면 무엇이든 밀어주라고 부모를 부추기는 말을 듣기도 합니다. 그러나 막상 꿈을 밀어줘도 이루는 확률은 지극히 낮습니다.

농익지 않은 꿈을 잘못 밀어주는 것이 아이를 망가뜨릴 수 있음을 기억해야 합니다. 현실감각이 부족한 청소년이 농익지 않은 꿈을 좇다가 포기할 때마다 실패가 누적됩니다.

아이들마다 성향은 다르지만, 자신이 선택한 것들이 이뤄지지 못하고 표류하는 경험을 너무 이른 나이에 반복해서 하면 자신에 대한 신뢰를 잃게 됩니다. 많은 분들이 아이가 하고 싶은 것만 찾으면 바로 밀어주겠다고 하시는데 밀어주는 일에는 실패를 염두한 요령이 필요합니다.

예를 들어보겠습니다. 스타트업 대표가 투자를 받기 위해 반드시 거쳐야 하는 과정이 있습니다. 대부분의 스타트업 대표들이 처음에 들고 온 투자 계획서는 허무맹랑한 편입니다. 알 수 없는 자신감만 가득한 계획서에서 투자 심사자들의 날카로운 질문을 받아가며 그들은 현실감각을 찾습니다. 설익은 사업 계획은 날카로운 공격을 받으며 다듬어집니다.

날카로운 심사자들의 질문에 당시에는 눈물이 핑 돌지만 이 과정이야말로 실패를 최소화하며 현실감각을 깨닫는 결정적인 순간입니다. 설익은 아이들 꿈이 현실감각을 찾는 데도 같은 과정이 반드시 필요합니다. 완전히 꿈을 꺾는 것은 아니지만, 허점을 보완하며 부모님을 설득하는 과정을 통해 자신에 대해 하나씩 깨우쳐야 합니다.

"생각보다 프로게이머는 힘든 길이야. 엄마는 반대인데, 네가 정말 할 수 있다면 어떤 계획이 있는지 글로 써서 엄마를 설득해볼래?"

강한 반대보다는 여유 있는 반려가 필요합니다.

실패가 아이를 성장시킨다는 말도 맞지만, 돌이키기 힘든 자존감의 상처로 남기도 합니다. 저는 아들의 꿈을 대하는 부모의 자세는 투자 심사자처럼 날카로워야 한다고 말씀드리고 싶습니다.

아이가 스스로 자신의 꿈에 대해 진지하게 생각해보도록 이끌어주세요. 프로게이머가 되기 위해 유학을 가려면, 어떤 대학에 갈 수 있나, 어떤 길이 있을까를 검색하는 사람이 엄마라면 아이의 꿈은 실패로 끝날 것이고, 아이라면 성공률이 올라갑니다.

아이가 진지하게 알아보고 계획을 세운다면 설사 실패하더라도 의미가 있습니다. 반대로 엄마가 계획을 세우고 아이가 성공한다면, 성공하더라도 결국 문제가 됩니다.

아이가 순종적이라 엄마의 계획을 충실히 따라온다 해도, 실패할 경우 절망은 결국 엄마의 몫이 돼버립니다. 그런 이유로 아들이 세운 꿈과 계획에 종종 합리적인 반대를 하고, "엄마가 너무 걱정되는데 네가 엄마를 설득해줄래?"라고 물어보길 추천합니다. 만일 아들이 "좋아, 내가 진짜 이룰 수 있다는 걸 설득해보이겠어!" 하고 진지하게 자기 꿈의 현실에 직면할 때가 되면, 그때 조용히 박수를 쳐주며 아이의 꿈을 지지하면 됩니다. 아이는 이렇게 역경 하나를 넘어간 것입니다.

엄마가 반대하고(꿈에 대한 역경), 아이가 논리를 만들어 엄마를 설득하고(역경에 굴하지 않고 도전), 엄마가 설득당해 아이를 밀어주기 시작하면(역경 극복) 아이는 성장하게 됩니다. 아이에게 우리가 물려줘야 할 세계는 반대 없는 세계가 아닙니다. '앞으로 삶을 살다가 반대를 겪더라도 이런 식으로 노력하면 이겨낼 수 있어'라는 감각입니다.

- -

❝ 성장하는 가정을 위한 한마디 ❞

아이의 결정이 걱정스러울 때 대립하지 말고 이렇게 말해주세요.

"엄마가 너무 걱정되는데 네가 엄마를 설득해줄래?"

- -

사춘기를 잘 버티기 위한
지혜가 필요해요

　사춘기 아들에게 화내지 않으려고 매일 다짐하는 엄마의 특징이 있습니다. 엉뚱한 순간에 화를 내는 겁니다. 예를 들어 아이가 어제 학원에 간다고 말하고는 피시방에 간 걸 알게 되었습니다. 일단 아이에게 기회를 주기 위해 참습니다. 그리고 아이에게 밥 먹었냐고 묻는데 아이가 못 들은 척합니다. 다시 "밥 먹어" 했더니 아이 말투가 고분고분하지 않습니다.

　"아, 지금 안 먹는다고."

　화가 치솟는데 요즘 너무 화를 낸 것 같아서 스스로를 다스리고 참아봅니다.

　'조금만 참아보자. 이러다 또 화내겠다.'

엄마가 가까스로 마음을 다스리는 동안, 아들이 스마트폰을 꺼내 게임을 시작합니다. 평소라면 별일이 아니었을 텐데, 지금 상황에서 스마트폰을 하다니. '미친 건가?'라는 생각이 듭니다. 엄마는 더 이상 참을 수 없습니다. 원래 물어봐야 할 말이었던 학원 땡땡이 사건이 아닌 엉뚱한 스마트폰에다 폭발을 해버립니다.

"너 아주 막 사는구나! 스마트폰 그거에 환장해서!"

민준이는 어안이 벙벙합니다. 엄마가 그간 눌러온 감정을 알 턱이 없습니다.

"아, 뭐어! 스마트폰 애들 다 하는데. 어쩌라고!"

엄마는 아들의 잘못을 나열하기 시작합니다.

"너! 어제 어디 갔다 왔어! 학원 빠졌지! 요즘 왜 이상한 애들이랑 어울려! 어? 걔네들 때문에 네가 그렇게 된 거 아냐!"

학원 빠진 것만 이야기하면 되는데 이런저런 말을 넣습니다. 아들은 학원 땡땡이 사실은 쏙 빼고 친구 공격에만 반격합니다.

"엄마가 걔네들을 얼마나 아는데? 알지도 못하면서!"

"너 요즘 말투가 왜 그래! 엄마가 네 친구야? 아주 만만해?"

"아! 어쩌라고! 엄마가 나한테 해준게 뭔데? 짜증 나!"

방문을 쾅 닫아버립니다. 완벽한 진흙탕 싸움입니다. 사춘기 아들을 훈육할 땐 특히나 정밀 타격이 필요합니다. 무차별 폭격을 했다가는 그저 치고받는 싸움이 되어버립니다. 일명 쌍방과실이죠.

이런 문제의 첫 번째 원인은 화내는 엄마가 되고 싶지 않은 마음에서 옵니다. 사춘기 아이를 이길 방법은 없습니다. 아이 사춘기를 잘 보내려면 엄마의 마음을 스스로 소중하게 생각해주세요. 아이와 다투지 않는 것, 화내지 않는 방식으로 엄마의 마음을 지켜야 합니다. 화내는 엄마가 되지 않으려면 평소 아들이 넘지 않았으면 하는 선이 명확하고 단순해야 합니다. 그리고 그 선을 넘을 때는 확실히 표현해야 하고요. 훈육 타이밍을 놓치고, 타이밍 늦은 감정이 몇 번 쌓이고 나면 무차별 폭격이 시작됩니다.

이런 상황에서 좋은 결말은 없습니다. 그냥 분노조절 못 하는 엄마로 남을 뿐입니다. 정확하게 할 말만 하고 침묵하는 지혜가 필요한 시기입니다.

❝ 성장하는 가정을 위한 한마디 ❞

아이와 진흙탕 싸움이 되지 않게
부모님 스스로에게 이런 말을 해주세요.

"오늘과 관련없는 지나간 이야기는 하지 않는다.
비난도 하지 않는다."

남편과 사별했는데
아이 마음이 걱정돼요

"아들 아빠와 사별했어요. 그것 때문에 그런지 큰아들이 부쩍
짜증이 많아요."

"아이가 어떤 말을 했거나 특별히 드러나는 문제가 있나요?"

"아뇨. 그냥 자꾸 엄마 원망을 하거나 짜증 난다는 말을 해요.
뭔가 참고 있지 않을까 싶어요. 행여나 정서에 문제 생길까봐 제
가 각별히 신경 쓰고 있긴 한데…. 겉으로 보이는 게 다가 아니니
까…. 일을 해야 하다보니 아이들과 함께하는 시간도 자꾸 줄어
들고 너무 미안해요."

"아이들이 특별히 아버님과 가까웠나요?"

"아뇨. 오래 아파서 마지막에는 아이들과 좀 서먹했어요. 아프

다보니 짜증도 많았고…."

"어머님, 제 생각엔 아이들이 생각보다 정말 괜찮을 수도 있어요. 아이들은 생각보다 이런 면에서는 강해요. 제가 그런 아이였거든요."

저는 태어날 때부터 아버지가 없었습니다. 어머니는 미혼모였습니다. 여섯 살 이후로는 어머니와도 헤어져서 엄마 지인을 이모라고 부르며 초등학교 5학년까지 얹혀살았습니다. 모두가 제게 정을 많이 주었기 때문에 저는 안정적이고 행복했습니다.

그런데 초등학교 2학년 때 담임 선생님이 저를 따로 불러내서 위로해줬습니다. 분명 힘들 텐데 아이가 잘 참는다며 아이답지 않다, 기특하다는 이야기였습니다. 성장하는 동안 많은 분들이 저의 사연을 알게 되면 이런 평가를 칭찬 삼아 했습니다.

"민준이 정말 씩씩하구나."

"민준아, 너 괜찮아?"

"얘가 괜찮겠어? 그냥 철이 일찍 들어서 참고 사는 거지."

그런데 저는 항상 괜찮았습니다. 다들 이렇게 사는 줄 알았으니까요. 사람들이 나를 왜 이렇게 대하나 영문을 몰랐습니다. 오히려 다 크고 나서야 제가 종종 불쌍하게 느껴질 때가 있었습니다. 성장해 오던 당시에는 정말 불행하지 않았어도, 나중에는 얼마든지 포장이 가능한 것이 삶입니다. 아버지가 없고 엄마와 떨어져 사는 것이 진짜 힘든 상황이라고 말하려면 누구보다도 그

당시의 자신이 판단하고 느껴야 합니다.

하지만 특수한 환경에서 자기 상황을 판단할 때는 주변을 보면서 결정하게 됩니다. 주변에 사람들이 나를 불쌍하게 보면 불쌍해지는 것이지요. 여기서 가장 중요한 판단 기준은 나와 함께하는 한쪽 부모님입니다.

제 어머니는 저에게 미안하다는 말을 거의 하지 않았습니다. 그냥 우리의 운명이니 주어진 상황에서 각자 최선을 다했지요. 저는 그게 너무 좋았습니다.

오히려 제가 서른을 넘긴 후부터 어머니가 미안하다는 말을 자주 했습니다. 마음이 많이 약해지셨다고 느꼈습니다. 그 미안하다는 말 때문에 갑자기 살아온 인생이 억울하다거나 스스로가 불쌍하게 느껴지지는 않았습니다.

그런데 만일 그때, 제가 어릴 적에 미안하다는 말을 자주 들었다면 어쩌면 저는 지금까지도 어머니를 원망하고 살았을지도 모릅니다.

우리가 어쩔 수 없는 일들에 대해 미안해하지 마세요. 그럼 아이가 자신의 문제에 '엄마 때문에'라는 꼬리표를 달기 시작할 것입니다.

아버지가 일찍 돌아가신 것은 아이 입장에서 결핍일 수도 있고 성장 동력일 수도 있습니다. 그건 아이가 자기 환경을 어떻게 받아들이냐에 따라 전적으로 달라집니다. 우리가 할 수 있는 최선은 '너는 불쌍한 아이가 아니야. 이건 우리 운명이고 이 정도는 견딜 수 있어. 우리는 이것 때문에 잘될 거야'라는 시각을 주는 것뿐입니다.

만일 어쩔 수 없는 일들로 아들에게 결핍을 주게 되는 상황에 놓인다면 과도하게 미안해하지 않길 바랍니다. 불필요하게 화를 내셨다면 사과하고, 약속을 지키지 못했다면 사과해야 합니다. 그러나 어쩔 수 없는 경제적인 문제로 생긴 결핍이나 가정 문제에는 미안해할 필요가 없습니다.

사람은 누구나 자신의 문제가 잘 해결되지 않을 때 탓할 사람이 필요합니다. 엄마의 습관적인 한풀이 사과는 아이가 자신의 문제를 엄마 탓으로 돌리는 데 사용되기도 합니다. 하지만 우리는 아이가 자신의 문제를 가정이나 부모에게 돌리지 않고 직면하길 바라지요.

없던 아빠를 만들어내거나, 경제 상황을 갑자기 바꾸는 일은 불가능해도, 눈을 크게 뜨고 생각보다 자신이 불리하지 않은 상황이며 충분히 개척할 수 있다는 걸 알려줄 수는 있습니다. 한부모 가정에서는 이 점을 꼭 기억해주시기를 당부드립니다.

한 가지 더 당부할 것이 있습니다. 아이는 어쩔 수 없는 사실보다 사실을 전달받는 과정에서 상처를 받습니다. 나의 보호자가 정보를 감추고 제대로 현실을 알려주지 않으면 아이는 불안합니다. 사람들이 사실을 알려주지 않으면 불안해하고, 진심을 숨기면 분노하는 것처럼요. 아이들도 마찬가지입니다. 경제적 위기가 가정의 위기가 되기 쉬우나 적절히 정보가 공유되고 예고를 거치면 가족 구성원의 심리적 해체는 막을 수 있습니다.

"나는 최선을 다했지만 결국 이런 상황이 왔네. 살다보면 어쩔 수 없는 일도 겪기 마련이야. 나는 너의 보호자로, 부모로 최선을 다할게. 너도 최선을 다해서 살고, 서로한테 힘이 되어주자."

이렇게 입장이 분명하고 충분한 예고와 상황 공유가 있다면 아이도 충분히 받아들일 수 있습니다.

"내가 너무 미안하다, 네가 나를 만나서 이렇게 되었구나" 하고 무너지면, 아이는 정말 자기 문제도 엄마에게 돌리기 시작합니다. 아이가 처한 환경이 진짜 불행일지 성장 동력일지는 지나가봐야 알 수 있습니다.

어쩔 수 없었던 일에 지나치게 미안해하지 마세요. 아이에게 필요한 것은 우리가 잘될 것이라는 믿음입니다.

· ·

❝ 성장하는 가정을 위한 한마디 ❞

한부모 가정에서는 이런 말을 서로에게 자주 해주세요.

"우리는 어쩔 수 없는 상황에 놓여 있지만, 네가 있어줘서 고마워."

· ·

오늘도 아이에게 소리 지른 당신에게

어느 강연장에서 한 어머님이 저에게 이런 요청을 하셨습니다. 자신이 아이에게 너무 화를 내고 있는데 자신을 조절할 수 있게 한마디 해달라는 것이었습니다. 당시에는 정신이 없어서 제대로 설명을 못 드렸는데, 오늘도 아마 아이에게 소리 지른 어머님들이 계실 듯하여 한 말씀 전하고자 합니다. 이 부분은 너무도 중요한 진실이라 여러분이 꼭 기억해주시면 좋겠습니다.

많은 어머님들이 화를 내지만, 생각보다 아이들은 잘 자랍니다. 많은 책들이 부모가 아이에게 잘못된 행동을 한 번이라도 하고 나면 아이가 획획 변할 것 같은 불안감을 조성하고 있지만, 생각보다 아이들은 그렇게 쉽게 망가지는 존재가 아닙니다.

어느 날, 한 어머님의 블로그에서 최민준 선생이 제안한 대로 그림을 안 그려주고 아이 스스로 그리게 하려고 애쓰다 너무 힘들었다는 글을 보았습니다. 그 어머님께 미안하다는 말을 전하고 싶습니다. 사실 그림 그려줘도 아이는 잘 자라기 때문입니다.

어떤 이론을 전달하기 위해 자세한 내용을 예시로 들다보면, 그 이야기가 하나의 이론이 되어 사람들을 괴롭힐 때가 있습니다. 만일 책을 읽으며 그런 기분을 느낀 분이 있다면, 그렇게 애쓰지 않아도 아이는 잘 자란다는 말씀을 한 번 더 드리고 싶습니다.

이번 책을 쓰며 본의 아니게 이래라 저래라 훈수를 두었습니다. 두 아이를 키우고 30명 교직원을 대하는 저 역시 이론대로만 살지 못합니다. 어느 때는 이 방향이 맞는지 고민하고 직원들과 가족들에게 부족한 모습을 들키기도 합니다. 완벽한 육아를 하고 싶은데 잘되지 않아 자책하는 분이 있다면, 제 고백이 작은 위로가 되길 바랍니다.

몸에 힘 꽉 주고 책에 쓰여진 대로 산다고 아이가 잘 자라지는 않습니다. 보상을 줄이고 의미 없는 칭찬을 줄이자고 제안했지만, 그렇게 하지 않아도 아이는 잘 자랍니다. 분노하지 말고 불필요한 감정 없이 아이를 대하자고 제안했지만, 조금 분노한다고 아이가 망가지지 않습니다.

오늘 내가 한 밥을 다 먹이지 않으면 아이가 자라지 않을 것 같은 착각도 시간이 조금만 흐르면 그저 지나가는 일에 불과합니다. 하루 종일 엄마 말 반대로만 움직이던 아이도 시간이 지나면 성숙한 모습을 보이기도 합니다.

결국 교육은, 아이를 뜯어고치는 일이 아니라 아이와 시간을 잘 흘려보내는 일에 가깝습니다. 다만, 시간을 어떤 방향으로 흘려보낼 것인가 헷갈릴 때, 이 책이 여러분의 답답함을 뚫어주는 작은 길잡이가 되길 바라는 마음입니다.

마지막으로 이 책의 내용이 다 기억나지 않을 때 참고하면 좋으리란 생각으로 적어본 여덟 문장을 소개하면서 책을 마무리합니다.

최민준 선생이 전하는 여덟 가지 메시지

1. 아이들은 오랜 시간에 걸쳐 완성됩니다.
2. 우리가 한 번 말한다고 변하지 않습니다.
3. 아이가 가진 상당수의 문제들은 지나갑니다.
4. 아이에게 주는 상처는 대부분 작은 문제를 뜯어고치려다 생깁니다.
5. 아이가 말을 듣지 않는 것보다 아이가 언제나 나를 바라보고 있음을 걱정해야 합니다.
6. 교육의 목표는 결국 자립에 있습니다.
7. 아이는 키우려는 대로 자라지 않습니다.
8. 결국 우리는 그들 인생에서 사라질 존재입니다.

나는 오늘도 너에게 화를 냈다

펴낸날	초판 1쇄 2020년 10월 19일
	초판 10쇄 2024년 12월 1일

지은이	최민준
펴낸이	심만수
펴낸곳	(주)살림출판사
출판등록	1989년 11월 1일 제9-210호

주소	경기도 파주시 광인사길 30
전화	031-955-1350 팩스 031-624-1356
홈페이지	http://www.sallimbooks.com
이메일	book@sallimbooks.com

ISBN	978-89-522-4243-3 13590